全国高职高专机械设计制造类工学结合"十二五"规划系列教材

机械制图习题集

主　编　盛艳君　郑海生

副主编　孙幸瑛　韩洪元

参　编　闫金友　王玉洁　郭　昆
　　　　李　斌　刘　静　冯跃霞
　　　　曹观峰　罗　静　何　婧
　　　　陈　亮

华中科技大学出版社

中国·武汉

内 容 简 介

《机械制图习题集》主要内容包括机械制图的基本知识与技能、投影法、立体的投影、组合体、轴测图、机件的常用表示法、标准件及常用件的规定画法、零件图、装备图等。

为了便于教学,本习题集的编排顺序与配套教材一致。

本习题集可作为高职高专及成人院校机械类、近机类各专业机械制图课程的教学用书,也可供有关技术人员参考。

图书在版编目(CIP)数据

机械制图习题集 / 盛艳君　郑海生　主编. —武汉:华中科技大学出版社,2012.9 （2022.8重印）
ISBN 978-7-5609-8275-5

Ⅰ.机… Ⅱ.①盛…　②郑…　Ⅲ.机械制图-高等职业教育-习题集　Ⅳ.TH126-44

中国版本图书馆 CIP 数据核字(2012)第 182056 号

机械制图习题集　　　　　　　　　　　　　　　　　　　　　　　　　盛艳君　郑海生　主　编

策划编辑:严育才
责任编辑:严育才
封面设计:范翠璇
责任校对:朱　霞
责任监印:张正林

出版发行:华中科技大学出版社(中国·武汉)
　　　　　武昌喻家山　邮编:430074　电话:(027)81321913
录　排:湖北语新文化图书设计工作室
印　刷:武汉市洪林印务有限公司
开　本:787mm×1092mm　1/16
印　张:18.5
印　次:2022年8月第1版第9次印刷
字　数:283千字
定　价:36.00元

印装质量问题,请向出版社营销中心调换
全国免费服务热线:400-6679-118　竭诚为您服务
版权所有　侵权必究

前　言

　　为了更好地适应机械类职业教育教学要求,根据职业教育机械类专业人才知识结构对本门课程的基本教学要求和新近颁布的有关国家标准,以及劳动和社会保障部培训司颁发的机械类课程教学大纲的要求,我们编写了本习题集。

　　本习题集具有以下特点。

(1)按照"机械制图"课程的基本教学要求选编,习题量较大,教学中可根据专业特点和实际情况酌情取舍。

(2)习题从易到难,循序渐进,注重了学生读绘图能力和空间想象能力的培养。

(3)选题精练、典型。

　　由于编者水平有限,时间有限,书中难免存有疏漏,恳请有关专家和使用本习题集的师生批评指正,谢谢!

编　者

2012 年 8 月 12 日

目 录

第1章 机械制图的基本知识与技能 ·········· 1
- 1-1 字体练习 ·········· 1
- 1-2 图线练习、尺寸标注 ·········· 2
- 1-3 尺寸标注、比例、几何作图、圆弧连接练习 ·········· 3
- 1-4 徒手绘图 ·········· 5
- 1-5 板图作业 ·········· 6

第2章 投影法 ·········· 7
- 2-1 正投影法 ·········· 7
- 2-2 点的投影 ·········· 10
- 2-3 直线的投影 ·········· 11
- 2-4 平面的投影 ·········· 12
- 2-5 投影变换 ·········· 15

第3章 立体的投影 ·········· 16
- 3-1 基本几何体的投影 ·········· 16
- 3-2 基本体的截割 ·········· 17
- 3-3 相贯线的投影 ·········· 19

第4章 组合体 ·········· 21
- 4-1 画组合体三视图 ·········· 21
- 4-2 组合体尺寸标注 ·········· 25
- 4-3 组合体综合训练 ·········· 27
- 4-4 板图作业 ·········· 33

第5章 轴测图 ·········· 34
- 5-1 画轴测图 ·········· 34
- 5-2 徒手绘图练习 ·········· 35
- 5-3 徒手画轴测图 ·········· 36

第6章 机件的常用表示法 ·········· 37
- 6-1 视图 ·········· 37
- 6-2 剖视图 ·········· 39

6-3 断面图	48
第 7 章 标准件及常用件的规定画法	**49**
7-1 螺纹及螺纹紧固件画法	49
7-2 键及键连接画法	53
7-3 齿轮画法	54
第 8 章 零件图	**55**
8-1 公差与配合	55
8-2 粗糙度	56
8-3 零件视图表达	57
8-4 零件图	58
第 9 章 装配图	**62**
9-1 读装配图	62
9-2 画装配图	68

第1章 机械制图的基本知识与技能

1-1 字体练习

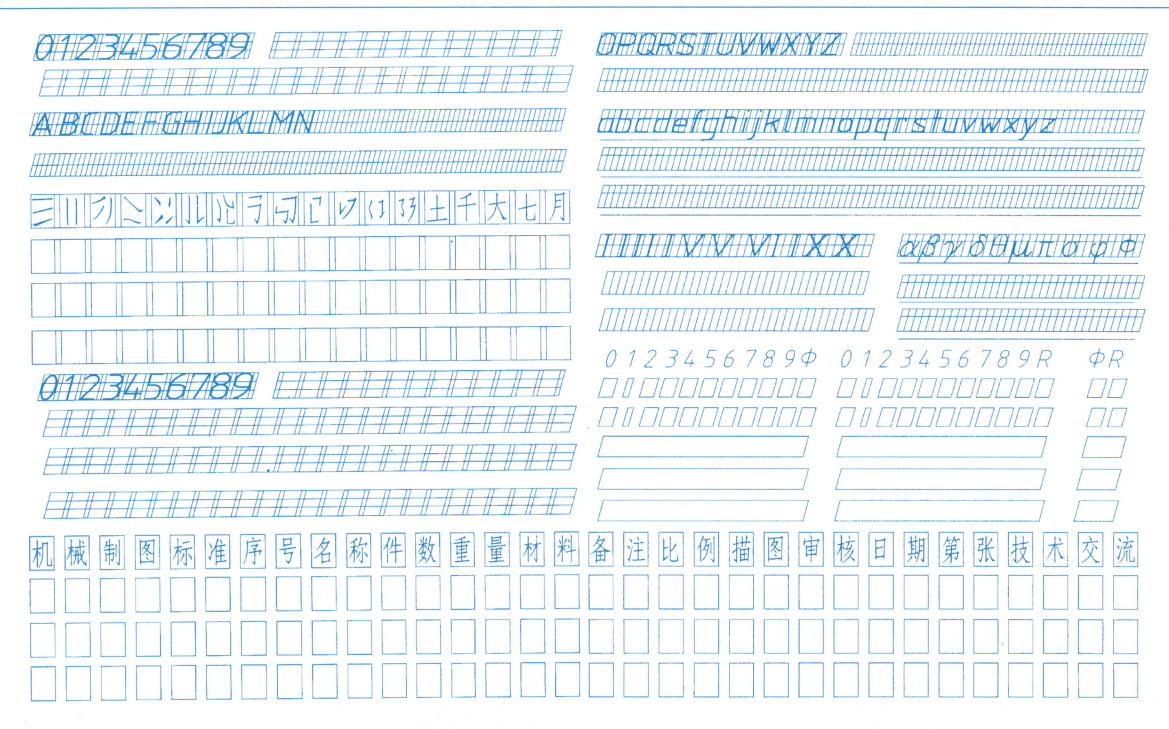

1-2　图线练习、尺寸标注

1. 在指定的位置，照图画出图线和图形。

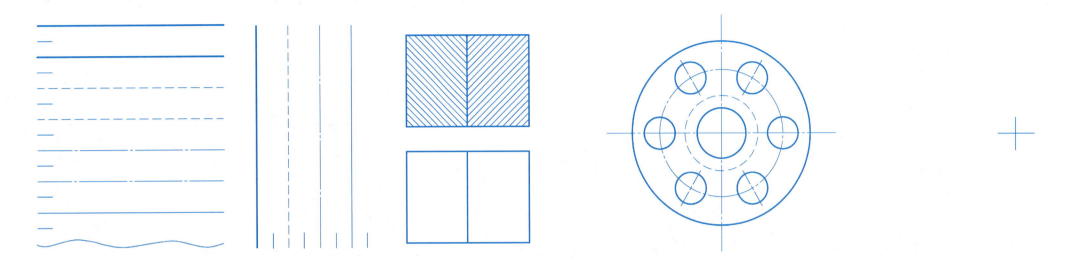

2. 注出下列各图形的尺寸（数值从图中量，取整数）。

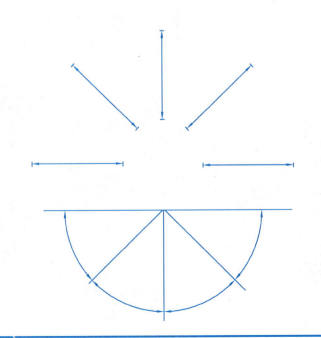

3. 填写图中尺寸数字（按 1∶1 在图中量，取整数）。

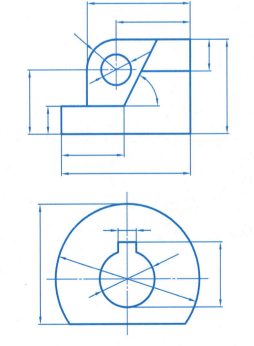

4. 补画尺寸线箭头，并填写尺寸数值（按 1∶1 在图中量，取整数）。

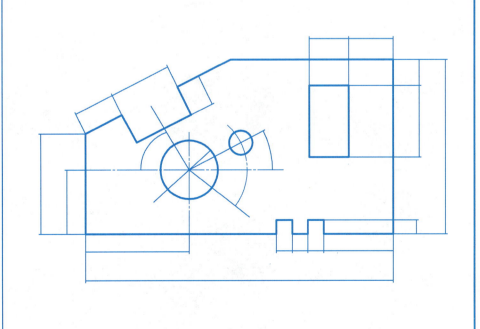

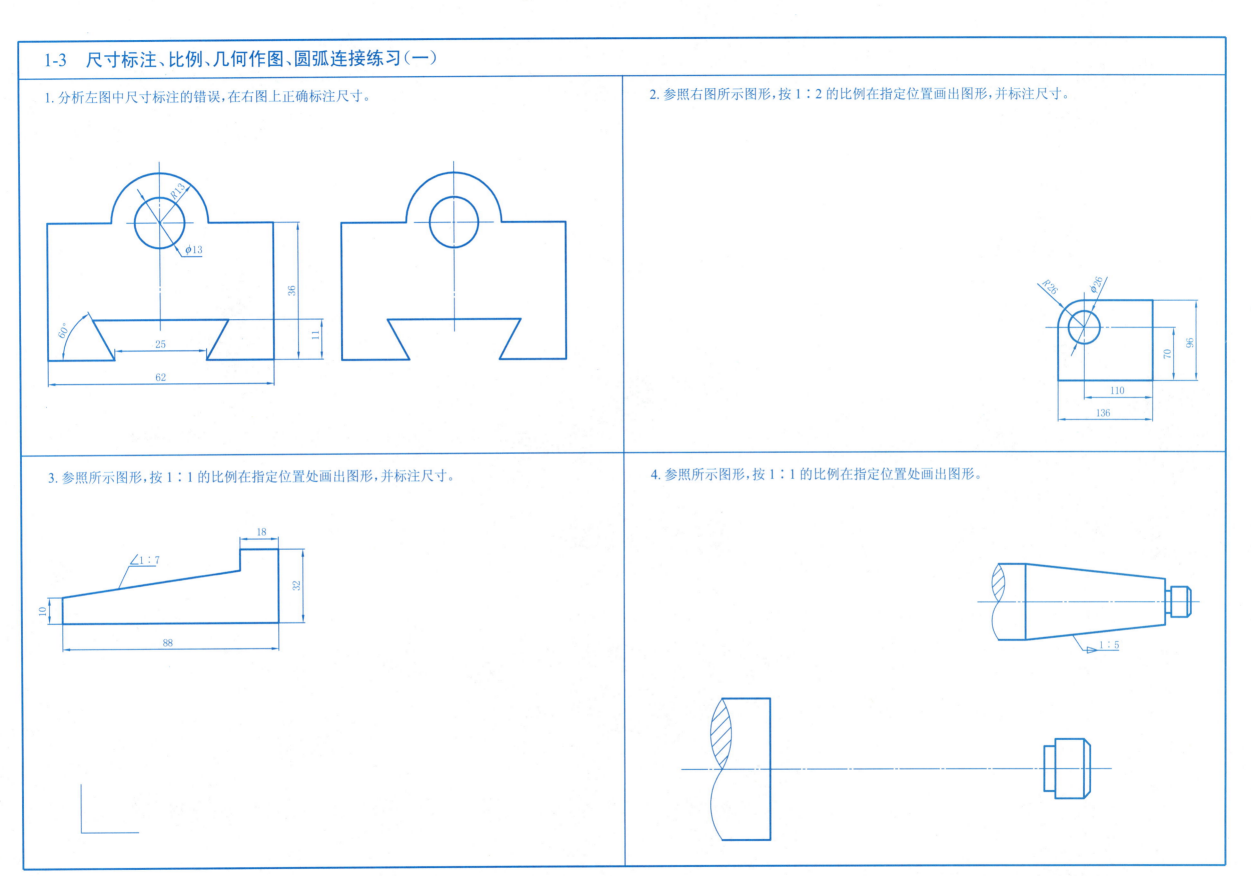

1-3　尺寸标注、比例、几何作图、圆弧连接练习（二）

1. 参照左上角图形，在右图上完成全图，并标注尺寸。

2. 按给定图形，完成平面图。

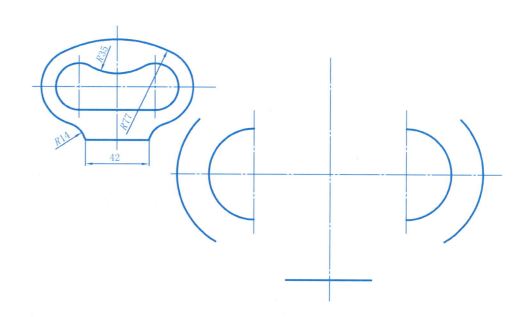

3. 按给定图形，完成平面图。

4. 按给定图形，完成平面图。

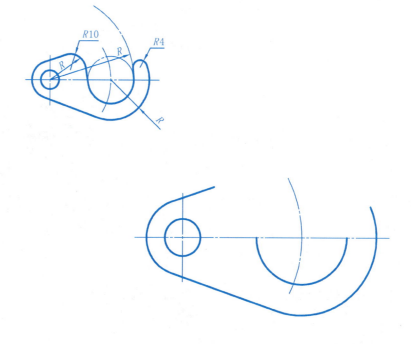

1-4 徒手绘图

1. 图线练习。

2. 按给定图形及尺寸,自选比例在指定位置绘制图形。

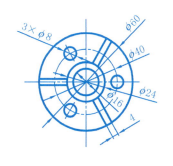

3. 按给定图形及尺寸,在指定位置绘制图形,并标注尺寸。

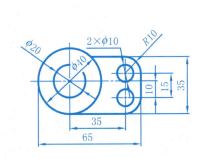

4. 按给定图形及尺寸,在指定位置画出图形,并标注尺寸。

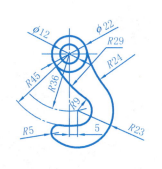

班级　　姓名　　学号　　审核

1-5 板图作业

第一次板图作业——基本练习

1. 内容

抄画题1、题2所绘图形。

2. 要求

(1) 布图匀称。

(2) 作图准确。圆弧连接要用几何作图的方法确定圆心和切点。

(3) 图面清晰、整洁。图线粗细分明,线型均匀一致且符合国家标准规定,尺寸、数字及箭头大小一致。

(4) 正确使用绘图仪器。

3. 作图步骤及注意事项

(1) 固定图纸,布置图面,作定位线。

(2) 按线段分析确定的作图顺序,用铅笔轻轻地作出底稿。作图时线段的长短应尽量按所注尺寸一次画出,量尺寸应使用分规。需要通过作图来确定的线段,作图时按估计位置略长一点画出,准确定位后及时擦去多余线条。

(3) 标注尺寸。尺寸数字采用3.5号字,箭头宽约0.7 mm,长为宽的6倍,为4~5 mm。

(4) 检查,描深。一定要仔细检查,确认图形及尺寸都准确无误后,方可描深。描深时应按先细后粗、先圆后直、从上至下、从左到右的顺序依次进行。描深后粗实线宽约0.5 mm,细线宽约0.25 mm。描深时各线段的起落点要准确。为使圆弧线段和直线段的图线均匀一致,圆规的铅笔应比画直线的铅笔软一号。

(5) 填写标题栏。图名:基本练习。在相应栏内填写姓名、班级、学号、比例、日期等内容。

1.

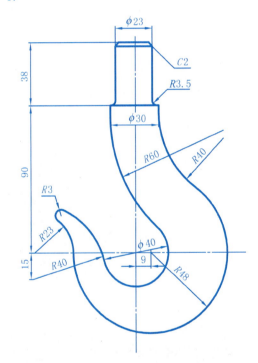

2.

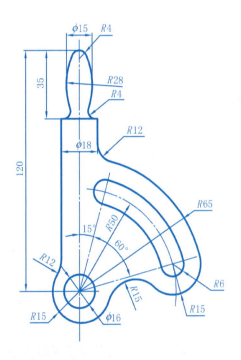

班级　　姓名　　学号　　审核

第 2 章 投影法

2-1 正投影法（一）

根据轴测图，补画三视图中的漏线，并填空。

1.

主视图与俯视图长_____，俯视图与左视图宽_____，主视图与左视图高_____。

2.

比较上下：A 面在_____，B 面在_____。

比较左右：C 面在_____，D 面在_____。

比较前后：E 面在_____，F 面在_____。

3.

A 面平行于_____面，B 面平行于_____面。

C 面垂直于_____面，在_____面投影积聚成直线。

4.

A 面与 B 面平行于_____面。

C 面垂直于_____面，在_____面的投影积聚成直线。

2-1 正投影法(二)

按箭头所示的投影方向,将正确视图的图号填入各立体图的圆圈内。

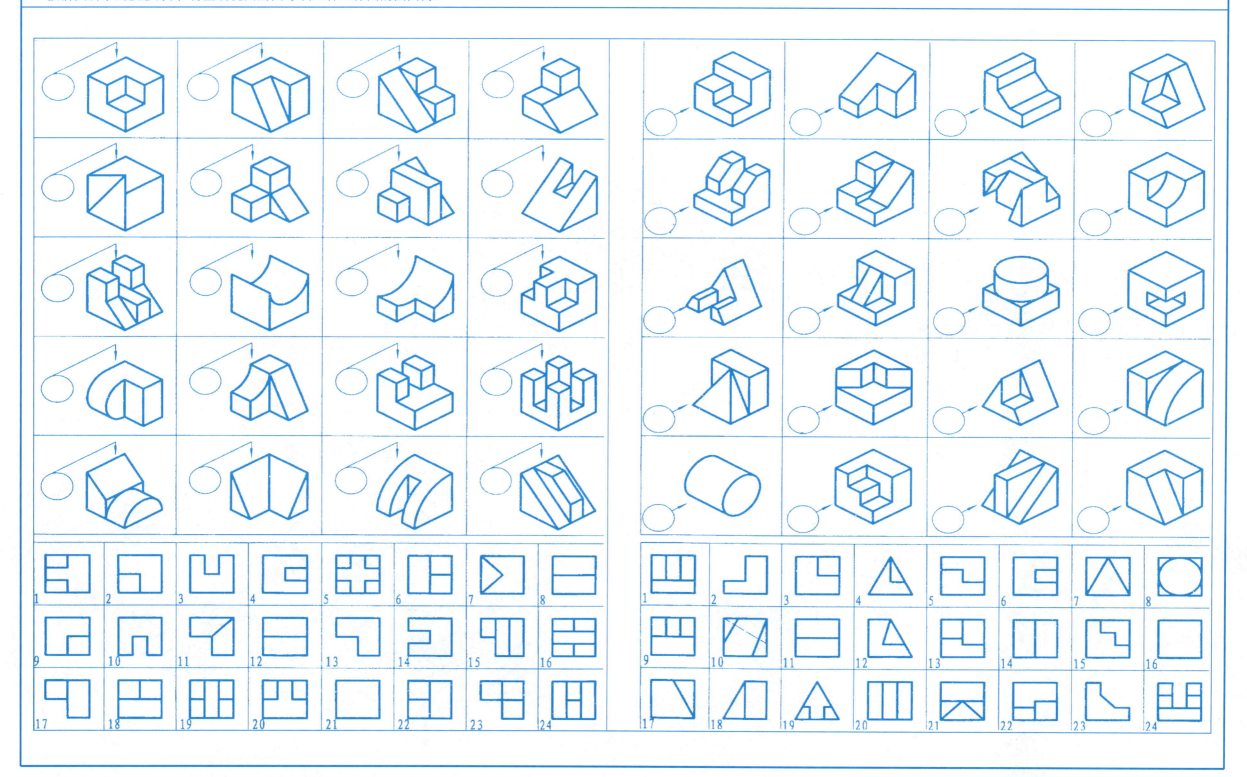

2-1 正投影法（三）

1. 选择与三视图对应的轴测图编号填入括号内。

2. 选择与主视图对应的俯视图及轴测图的编号填入表格内。

主视图	俯视图	轴测图
1		
2		
3		
4		
5		
6		
7		
8		

班级　　姓名　　学号　　审核

2-2 点的投影

1. 按立体图作各点的两面投影。

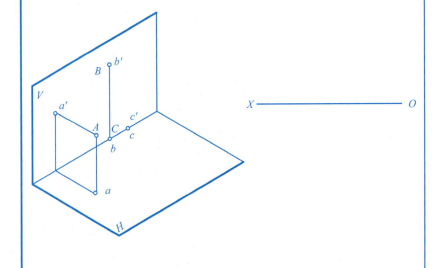

2. 已知点 A 在 V 面之前 35，点 B 在 H 面之上 10，点 C 在 V 面上，点 D 在 H 面上，点 E 在投影轴上，补全各点的两面投影。

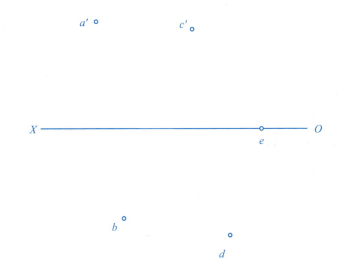

3. 按立体图作各点的三面投影。

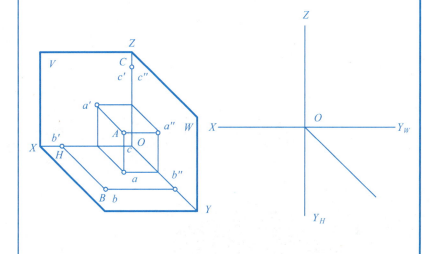

4. 作各点的三面投影：$A(25,15,20)$，$B(20,10,15)$，点 C 在点 A 之左 10，在点 A 之前 15，在点 A 之上 12。

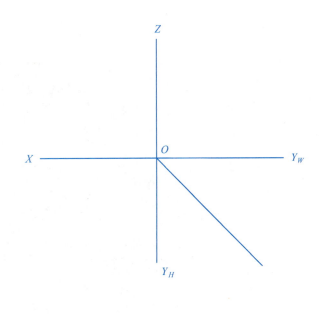

5. 已知点的两面投影，求作它们的第三面投影。

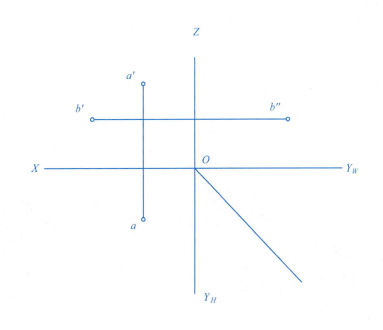

6. 已知点 B 距离点 A 左为 15，点 C 与点 A 是 V 面的重影点，点 D 在点 A 的正下方 15。补全各点的三面投影，并表明可见性。

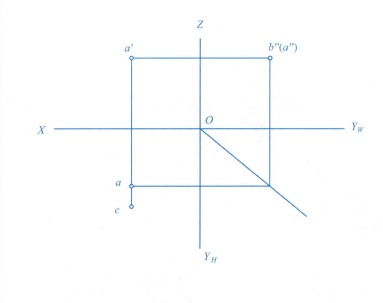

2-3 直线的投影

1. 判断下列直线相对投影面的位置。

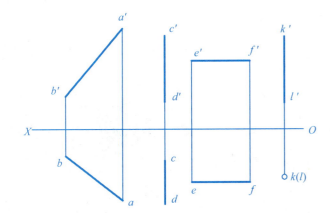

AB 是_____线，CD 是_____线，

EF 是_____线，KL 是_____线。

2. 补画直线的第三面投影，并判断其相对投影面的位置。

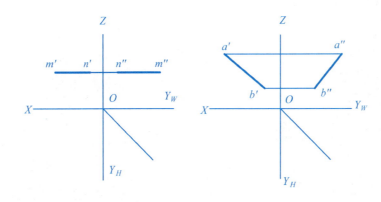

MN_____线，AB_____线。

3. 试判断点 K 是否在直线 AB 上，点 M 是否在直线 CD 上。

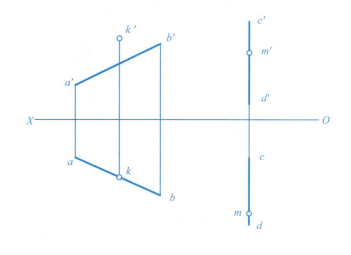

_____

4. 过点 M 作直线 MK 与直线 AB 平行，并与直线 CD 相交。

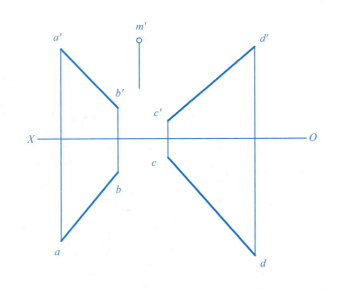

5. 作交叉直线 AB、CD 的公垂线 EF。

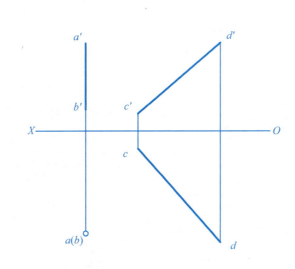

6. 判断并填写两直线的相对位置。

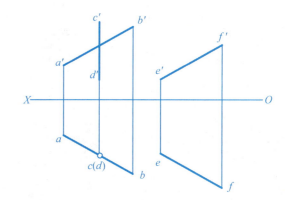

AB、CD _____，

AB、EF _____，

CD、EF _____。

2-4 平面的投影（一）

1. 判断点 K 和直线 MS 是否在 △MNT 平面上。

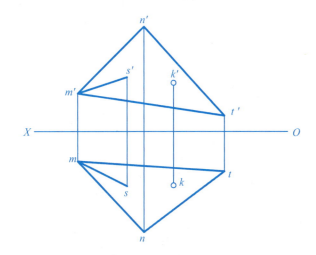

点 K _____ △MNT 平面上，

直线 MS _____ △MNT 平面上。

2. 判断点 A、B、C、D 是否在同一平面上。

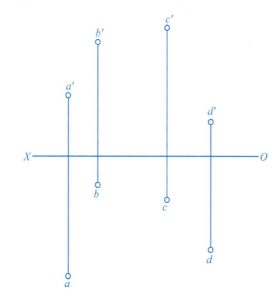

四点 _____ 同一平面上。

3. 点 D 属于平面 ABC，求点 D 的水平投影。

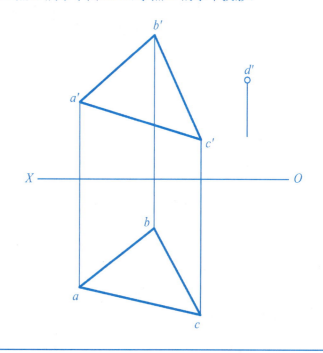

4. 补全平面图形 PQRST 的两面投影。

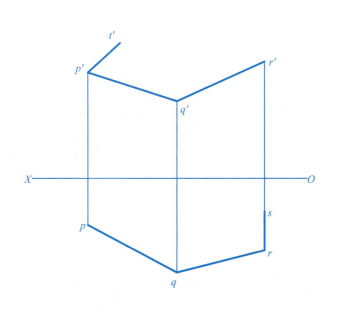

5. 作出平行四边形 ABCD 上的 △EFG 的正面投影。

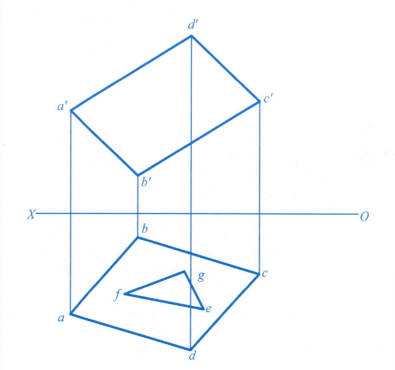

6. 过点 A 作属于平面 △ABC 的水平线。

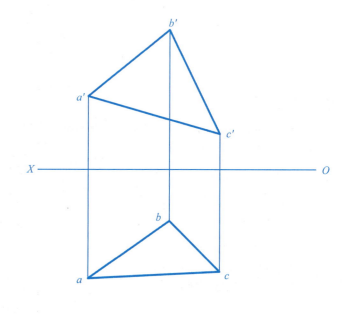

班级　　姓名　　学号　　审核

2-4 平面的投影（二）

1. 根据平面图形的两面投影，求作第三面投影，并判断与投影面的相对位置，填空。

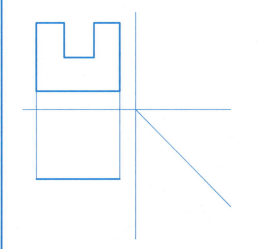 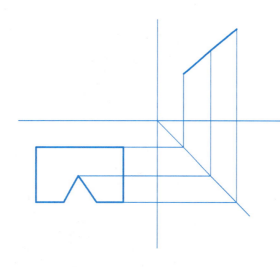 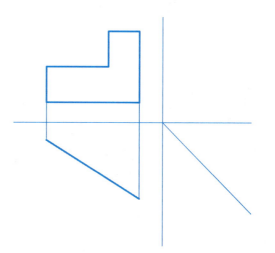 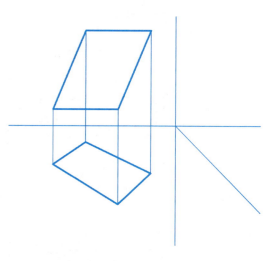

　　＿＿＿＿＿面。　　　　　＿＿＿＿＿面。　　　　　＿＿＿＿＿面。　　　　　＿＿＿＿＿面。

2. 标出平面 P、Q 的三面投影，填空。

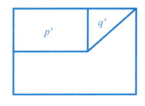 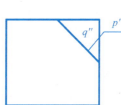

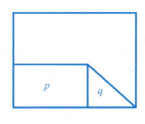 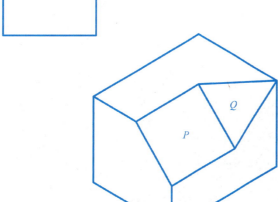

P 面是＿＿＿＿＿面，

Q 面是＿＿＿＿＿面。

3. 标出平面 P、Q 的三面投影并填空。

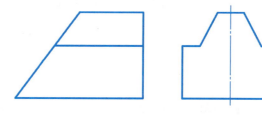

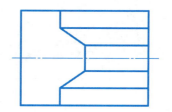 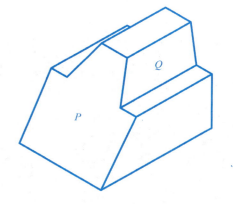

P 面是＿＿＿＿＿面，

Q 面是＿＿＿＿＿面。

2-4 平面的投影（三）

1. 已知平面 P 的两面投影，求作第三面投影，填空。

P 是_____面。

2. 标出平面 P、Q 的另两个投影，填空。

P 是_____面， Q 是_____面。

3. 对照立体图，在三视图上将平面 P 的三面投影用粗线找出，填空。

P 是_____面。

4. 补画俯视图中的漏线，标出平面 M、N 的投影，填空。

该物体表面有：
_____个水平面，_____个侧平面，M 是_____面，N 是_____面。

5. 补画左视图中的漏线，标出平面 M、N 的投影，填空。

该物体表面有：
_____个侧平面，_____个铅垂面，M 是_____面，N 是_____面。

2-5　投影变换

1. 求直线 AB 的实长及其对 H 面的倾角 α 和对 V 面的倾角 β。

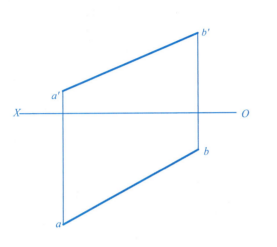

2. 已知直线 AB 的实长为 42 mm，补全其正面投影。

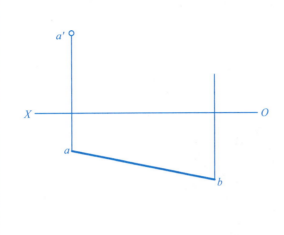

3. 求 △ABC 的实形。

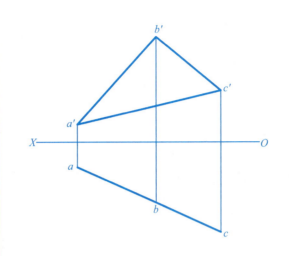

4. 求 ∠ABC 的真实角度。

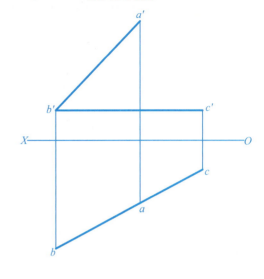

5. 求 △ABC 的实形。

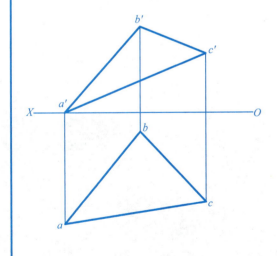

6. 求平面 P 的实形。

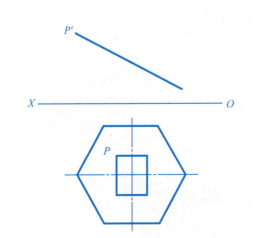

7. 已知平面 P 的正面投影 P′ 及其实形，求侧面投影。

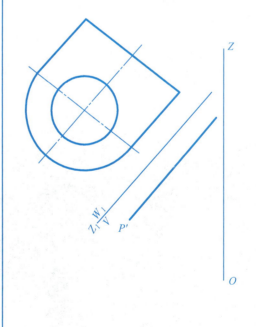

班级　　姓名　　学号　　审核

第 3 章 立体的投影

3-1 基本几何体的投影

补画第三视图,并求出点的其余两面投影。

1.

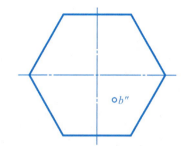

2.

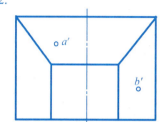

3.

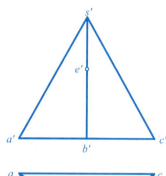

4.

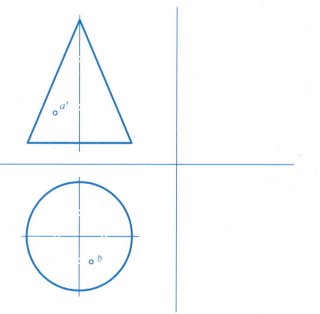

5.

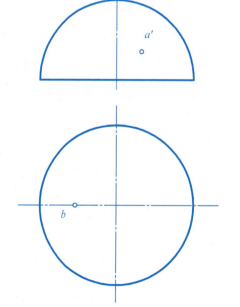

6.

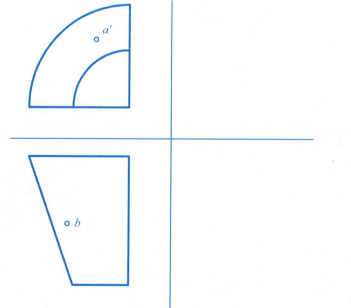

3-2 基本体的截割（一）

参照轴测图完成切割体的投影。

1.

2.

3.

4.

5.

6.

· 17 ·

3-2 基本体的截割(二)

完成切割体的投影。

1.
2.
3.
4.
5.
6.

3-3 相贯线的投影（一）

补全相贯线的投影。

1.

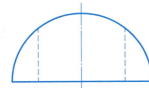
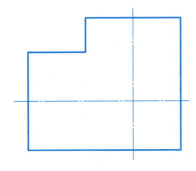

2.

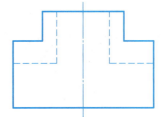

3.

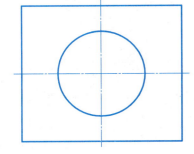

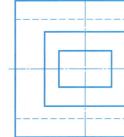

4.

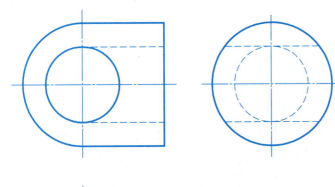

5.

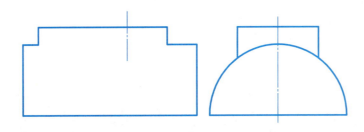
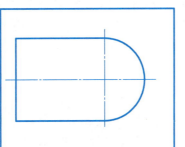

6.

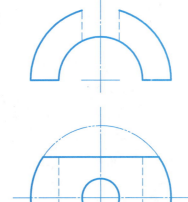
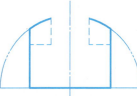
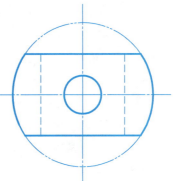

3-3 相贯线的投影（二）

补全相贯线的视图。

1.

2.

3.

4.

5.

6.

班级　　姓名　　学号　　审核

第 4 章 组合体

4-1 画组合体三视图(一)

根据轴测图,画三视图。

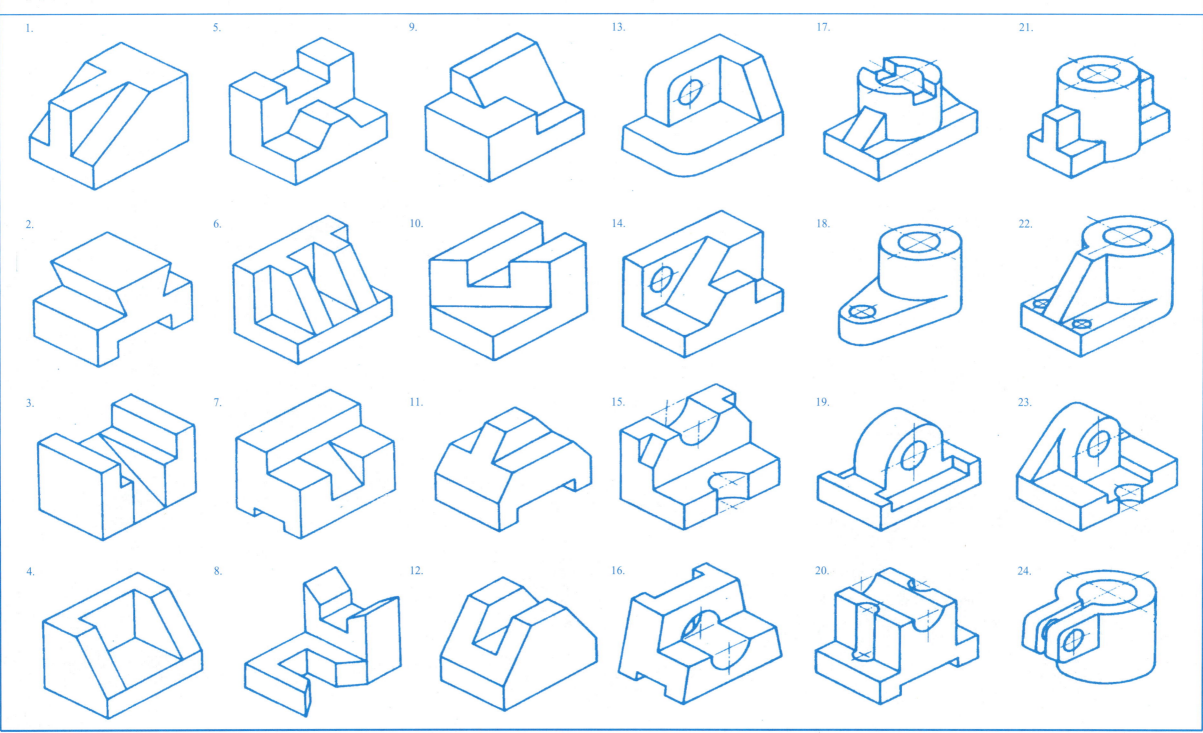

4-1 画组合体三视图(二)

根据轴测图,补画三视图中的缺漏线。

1.

2.

3.

4.

5.

6.

4-1 画组合体三视图（三）

根据形状的变化，补全视图中所缺的图线。

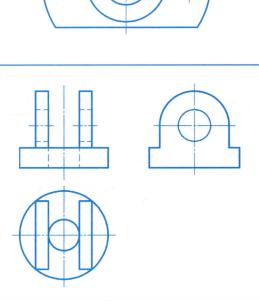
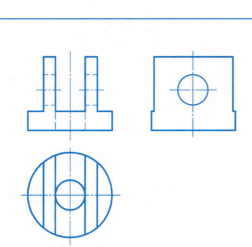
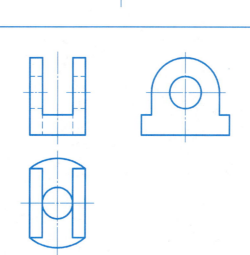
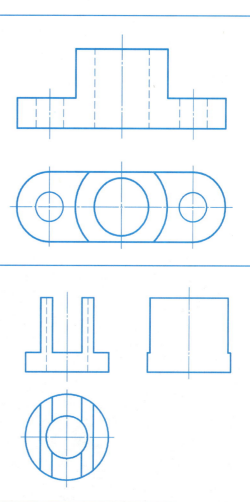

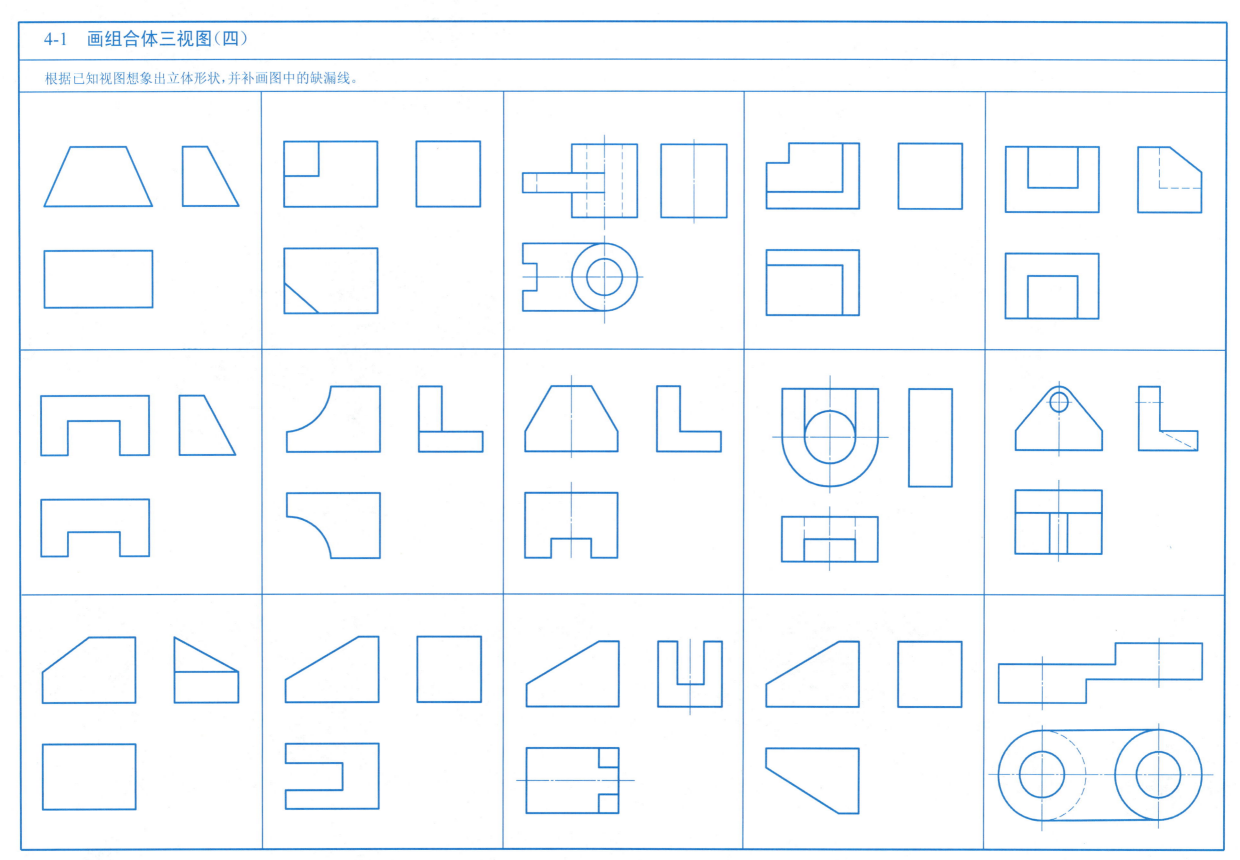

4-2 组合体尺寸标注(一)

标注尺寸(数值从视图中量,取整数)。

1.

2.

3.

4.

5.

6.

4-2 组合体尺寸标注（二）

用符号标出宽度、高度方向尺寸主要基准，1、2题补注视图中遗漏的尺寸；3、4、5题标注尺寸（数值从视图中量，取整数）。

1.

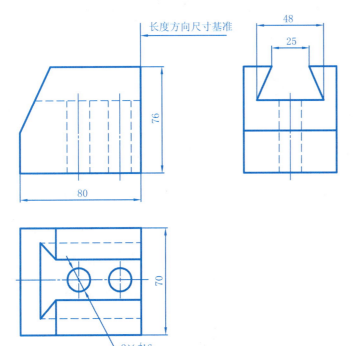

2.

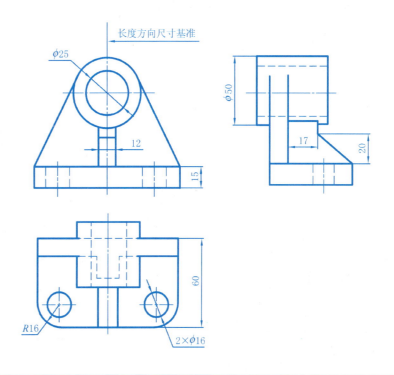

3.

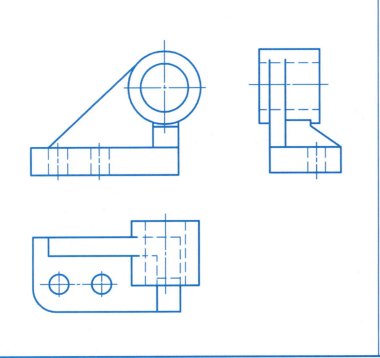

4.

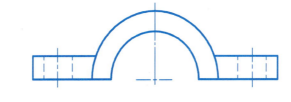

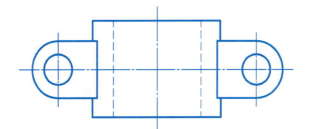

5.

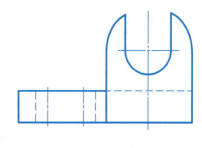

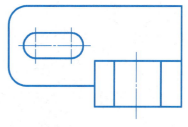

4-3 组合体综合训练（一）

根据给定的两个视图补画左视图（有多种答案，至少画出两个）。

1.

2.

3.

4.

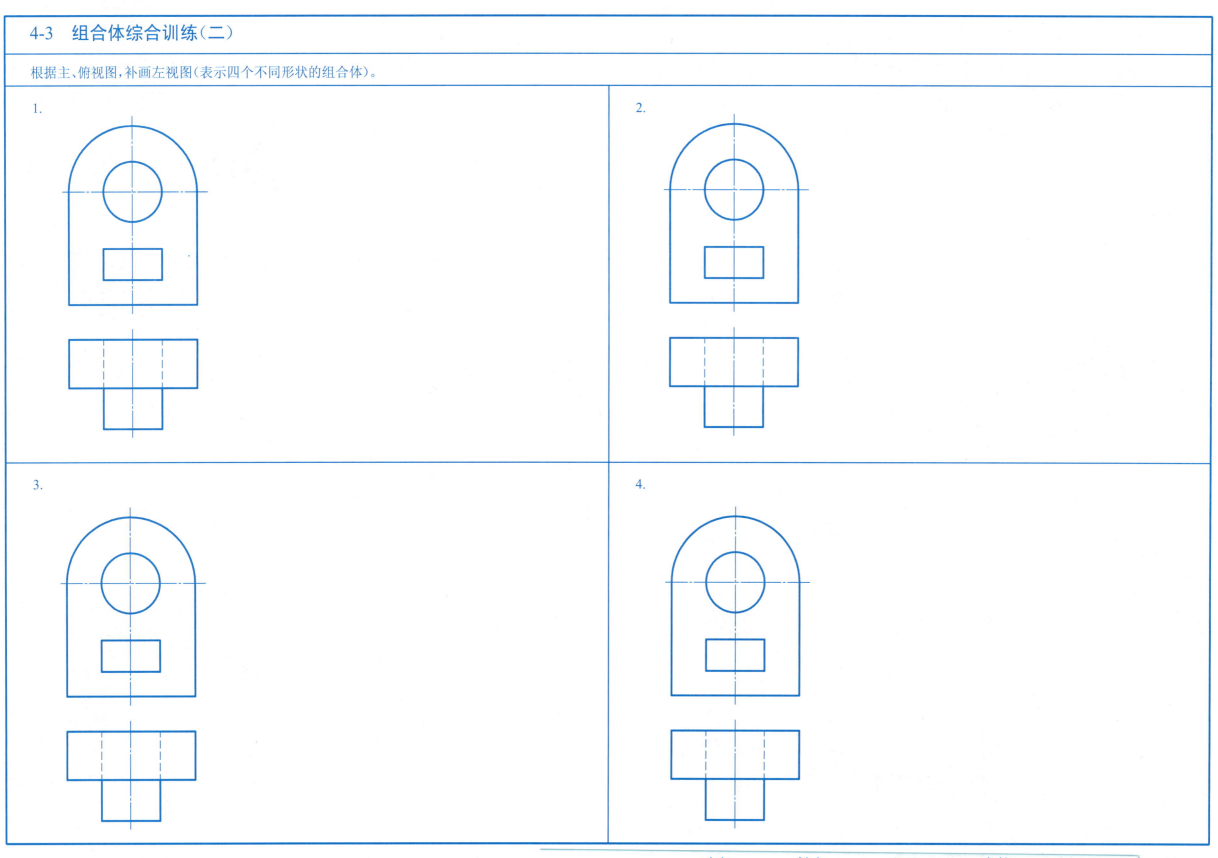

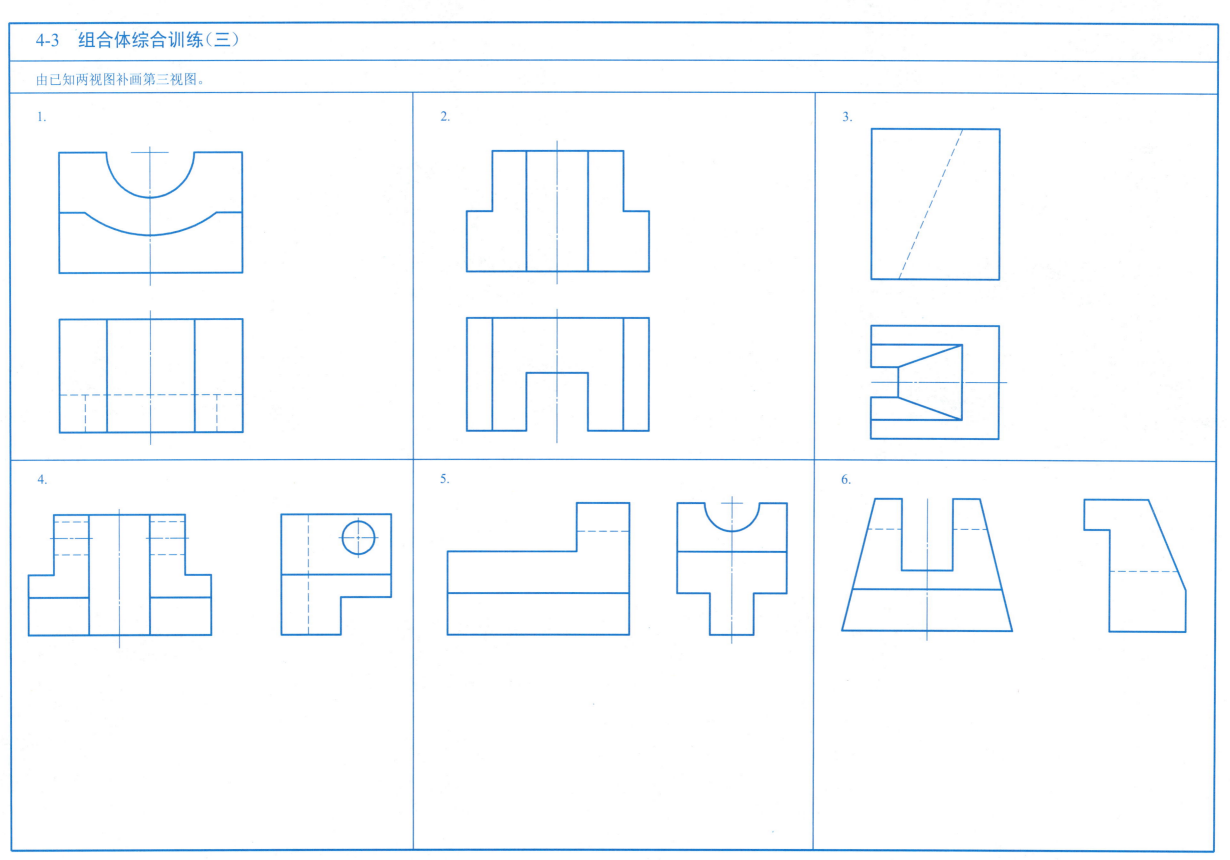

4-3 组合体综合训练（四）

运用形体分析法，由已知两视图补画第三视图。

1.

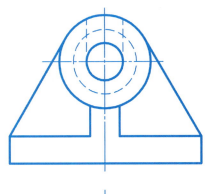

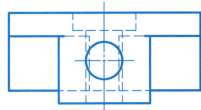

2.

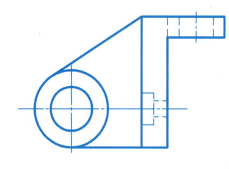

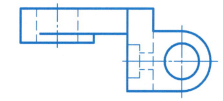

3.

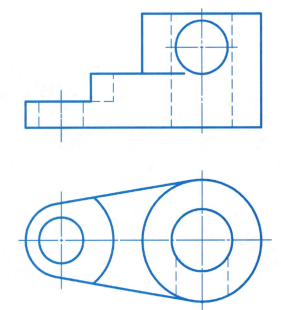

4.

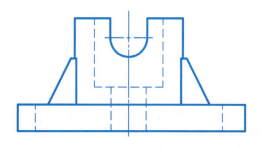

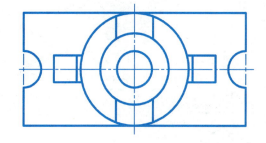

4-3 组合体综合训练（五）

运用形体分析法，由已知两视图补画第三视图。

1.

2.

3.

4.

5.

6.

4-3 组合体综合训练(六)

运用形体分析法,由已知两视图补画第三视图(续)。

1.
2.
3.
4.
5.
6.

4-4 板图作业

根据轴测图,用 A3 幅面图纸,按 1∶1 比例画出三视图,并标注尺寸。

作 业 指 导

1. 作业名称及内容

图名:组合体。

内容:根据右边的轴测图任选两题,绘制组合体的三视图,并标注尺寸。

2. 作业目的

(1) 学会运用形体分析法绘制组合体的三视图和标注尺寸;

(2) 培养读图能力。

3. 作业提示

(1) 用 A3 幅面图纸横放,按 1∶1 绘图;

(2) 画图前应分析组合体由哪些基本形体组成及各形体间相互位置和组合关系;

(3) 选择最能反映组合体形状特征的方向为主视图的投影方向;

(4) 布图时,三视图之间要留有足够标注尺寸的位置,经周密计算后便可画出各视图的定位线(对称轴线或基准线);

(5) 画图时,应将图纸固定在图板上,再配合使用丁字尺、三角板和绘图仪器,以提高绘图速度和准确度;

(6) 标注尺寸时,不要照搬轴测图上的尺寸注法,应以尺寸齐全、注法正确、配置适当为原则,重新考虑视图的尺寸配置。

1.

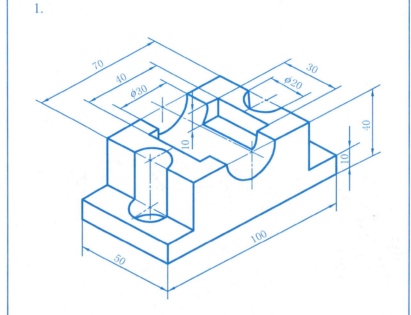

2.

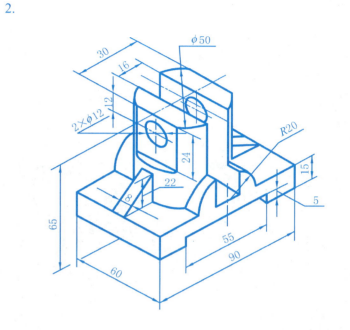

3.

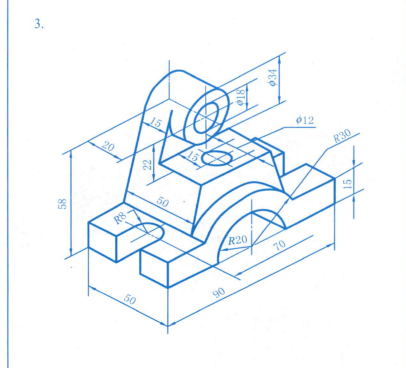

4.

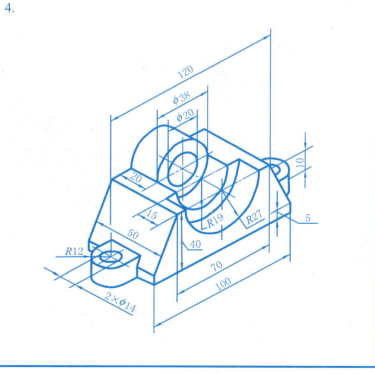

第 5 章 轴测图

5-1 画轴测图

题 1、2、3 画正等轴测图,题 4 画斜二轴测图。

1.

2.

3.

4.

5-2 徒手绘图练习

水平线（等分线段）

1：4
1：8
1：3
1：6
1：5

斜线

圆　　椭圆　　圆弧（画对称侧）

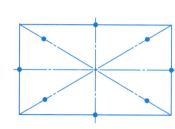
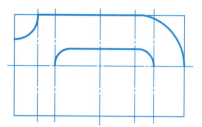

垂直线（等分线段）

1：4　1：8　1：3　1：6　1：5

角度　　圆柱

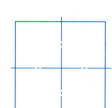
45°
30°　60°

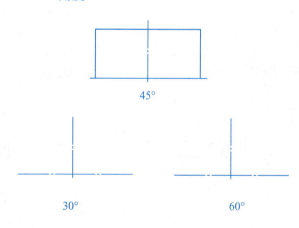

班级　姓名　学号　审核

5-3 徒手画轴测图

徒手画轴测图,题 1、2、3 画正等轴测图,题 4 画斜二轴测图。

1.

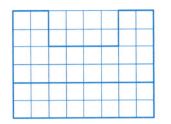 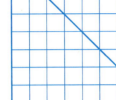

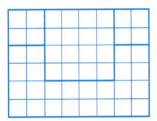 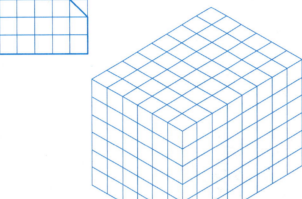

2.

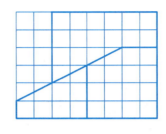 

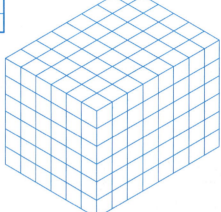

3.

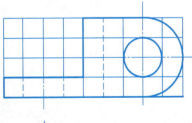 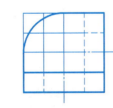

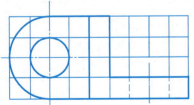 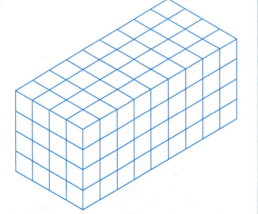

4.

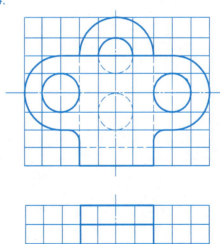

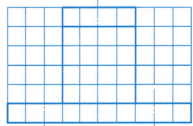 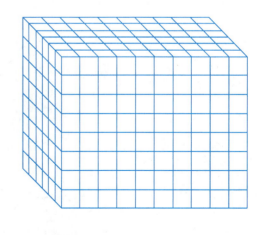

班级　　姓名　　学号　　审核

第 6 章 机件的常用表示法

6-1 视图(一)

根据题意,完成下列视图的作图过程。

1. 根据主、俯视图,配置 C、D、E、F 四个方向的视图。

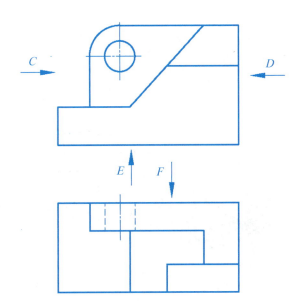

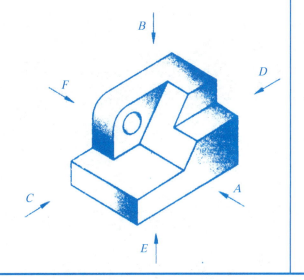

2. 指出图中的错误,在下方画出正确的图形,并加标注。

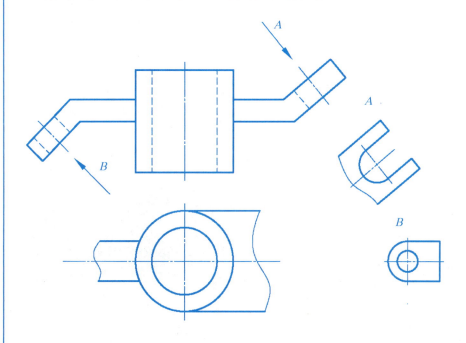

6-1 视图（二）

作图与选择。

1. 在指定的位置作局部视图与斜视图。

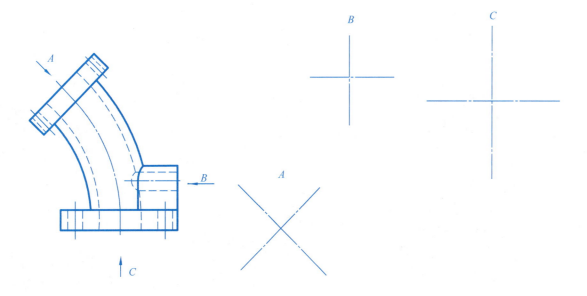
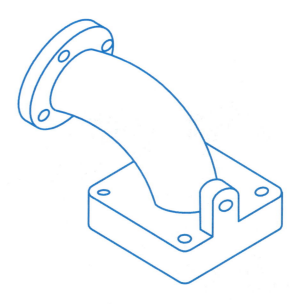

2. 选择正确的 A 向局部视图。

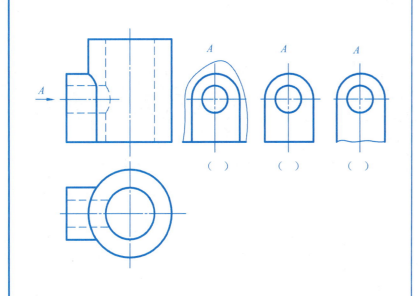

3. 选择正确的 A 向斜视图。

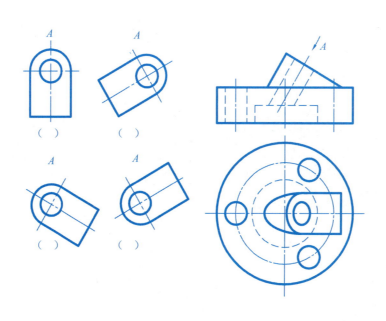

4. 选择正确的 A 向视图。

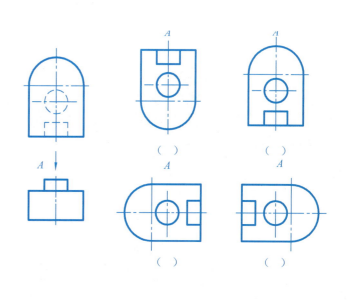

6-2 剖视图（一）

剖视图的基本概念。

1. 补画剖视图中的缺漏线。

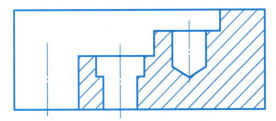
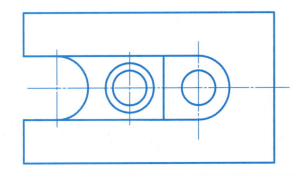

2. 补画剖视图中的缺漏线。

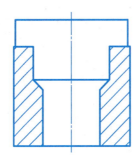
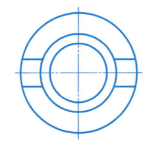

3. 补画剖视图中的缺漏线。

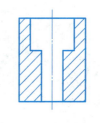 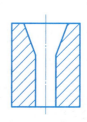 

4. 补画主视图中的缺漏线。

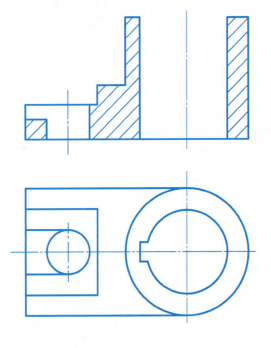

5. 补画剖视图中的缺漏线。

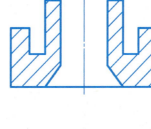
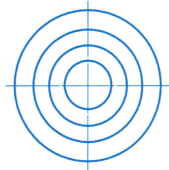

6. 画出全剖的主视图。

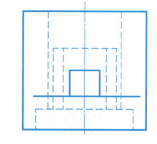
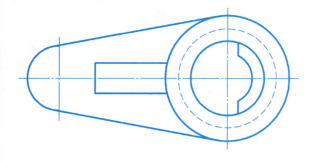

6-2 剖视图（二）

全剖视图和半剖视图。

1. 将主视图改画成全剖视图。

2. 将主视图改画成全剖视图。

3. 将主视图改画成半剖视图。

4. 将主视图改画成半剖视图。

6-2 剖视图（三）

全剖视图和半剖视图。

1. 在指定位置画出 $A—A$ 和 $B—B$ 全剖视图。

$A—A$ $B—B$

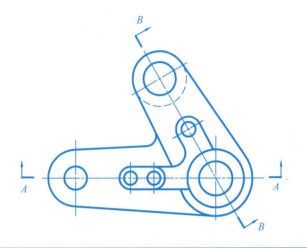
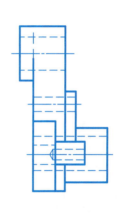

2. 将俯视图画成半剖视图。

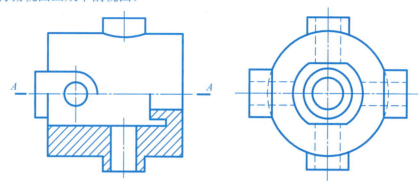

3. 在右侧指定位置把主视图画成全剖视图。

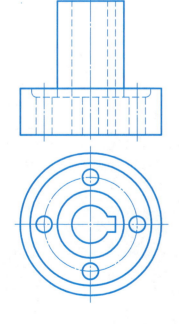

4. 将左视图画成半剖视图。

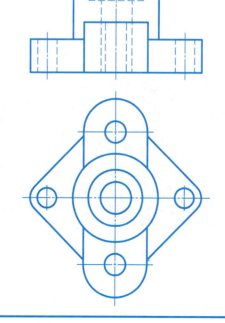

6-2 剖视图(四)

全剖视图和半剖视图。

1. 将主视图画成全剖视图,俯、左视图画成半剖视图。

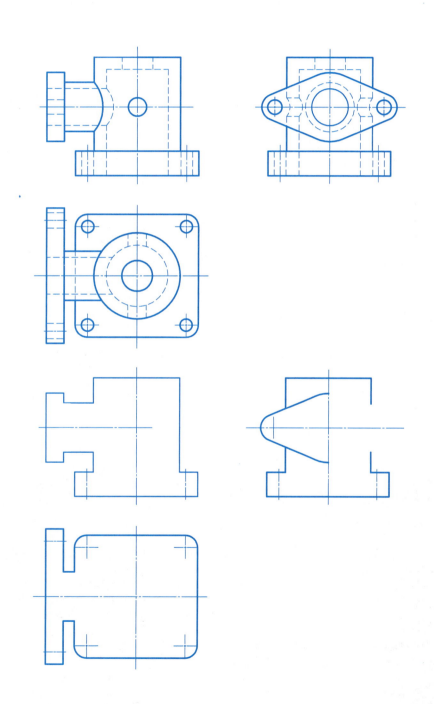

2. 在指定位置画出 C—C 剖视图。

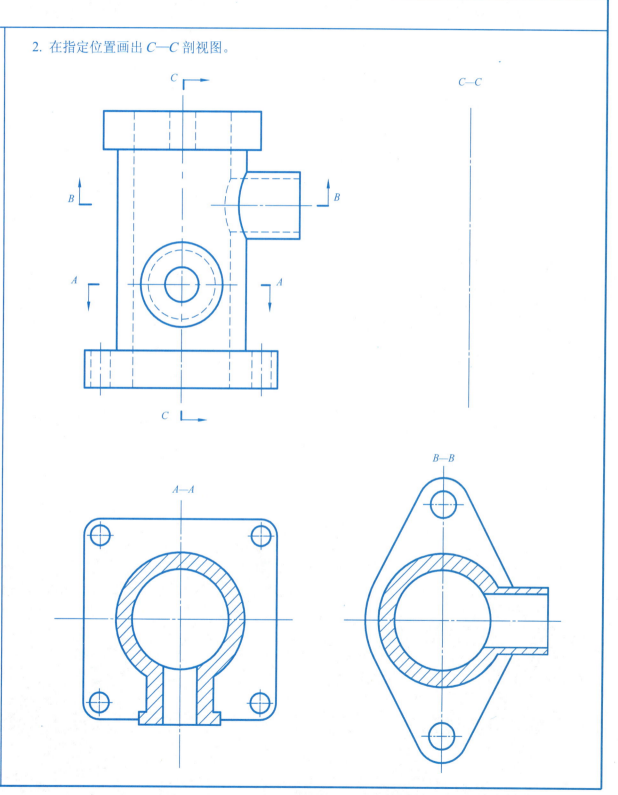

6-2 剖视图（五）

全剖视图和半剖视图。

1. 将主视图改画成全剖视图。

2. 将主视图改画成半剖视图。

3. 将主视图改画成半剖视图。

6-2 剖视图（六）

选择正确的主视图（在正确的括号内打"√"）。

1.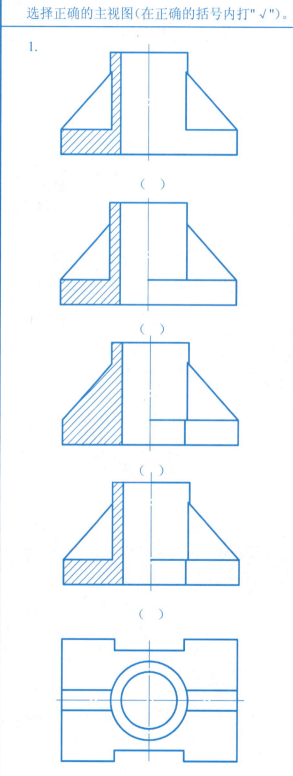

2.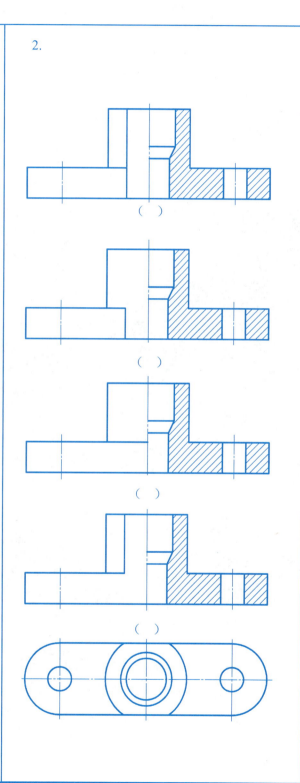

3.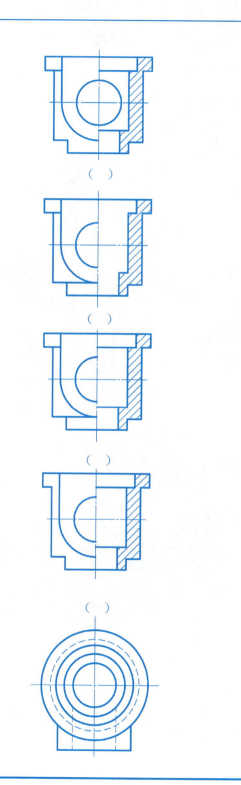

4.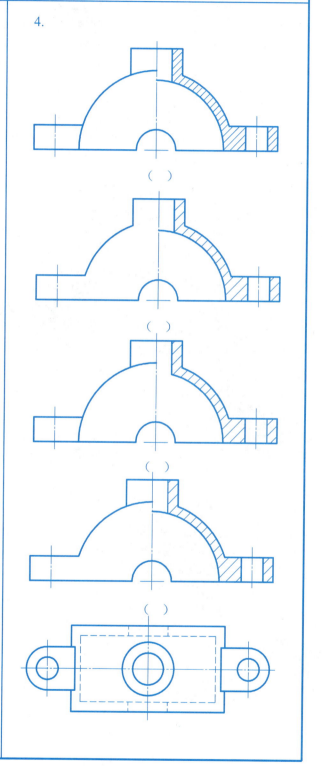

6-2 剖视图（七）

局部剖视图。

1. 将主、左视图改画为局部剖视图。

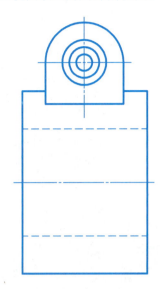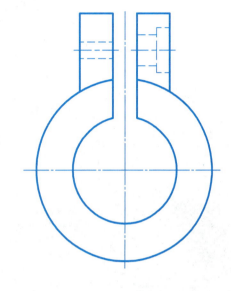

2. 将主视图改画成局部剖视图。

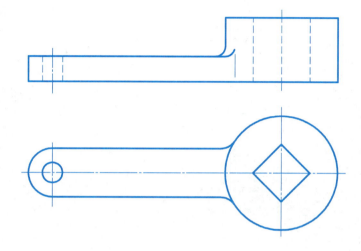

3. 改正错误，在给定的位置画出正确的主、俯局部剖视图。

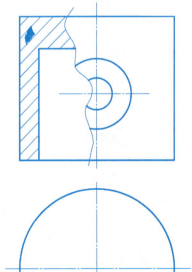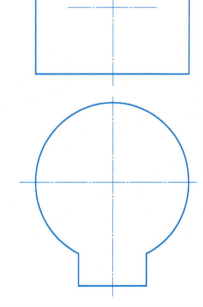

4. 在给定的位置画主、俯局部剖视图。

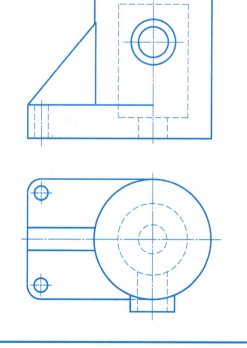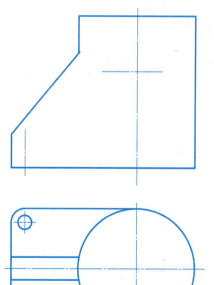

6-2 剖视图（八）

选择正确的局部剖视图。

1.

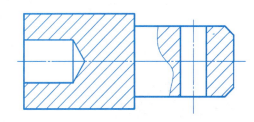
( )

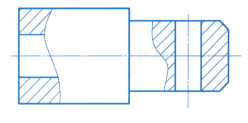
( )

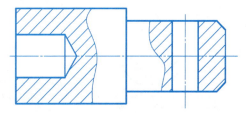
( )

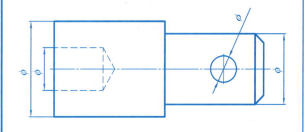

2.

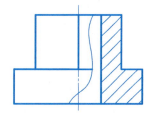
( )

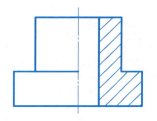
( )

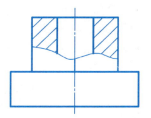
( )

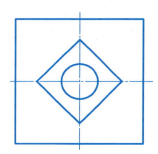

3.

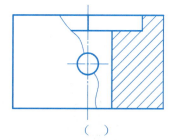
( )

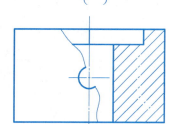
( )

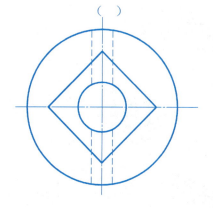
( )

4.

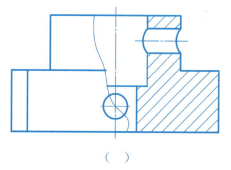
( )

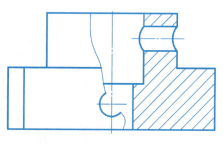
( )

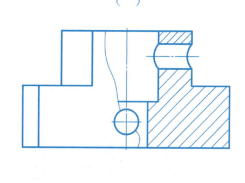
( )

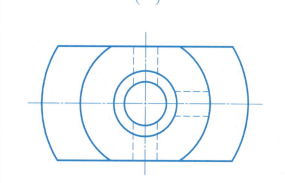

6-2 剖视图（九）

采用平行或相交的剖切面剖开机件，画出全剖视图，并加标注。

1.

2.

3.

4.

6-3 断面图

1. 在指定位置作移出断面图（左端圆柱孔为通孔，键槽深 4 mm）。

2. 作出两相交剖切平面的移出断面图。

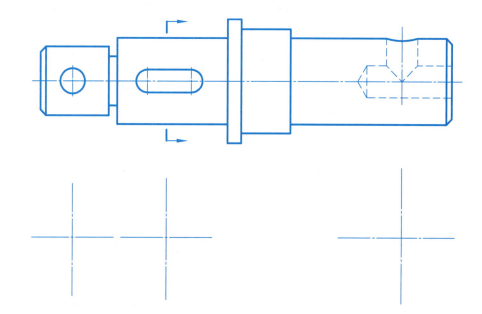

3. 在适当位置作移出断面图，并作标注（槽深 4 mm）。

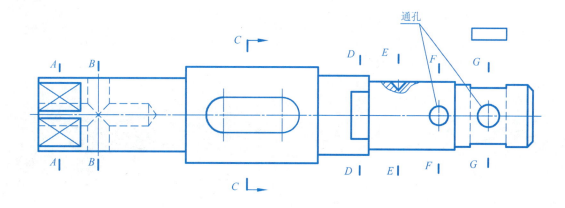

4. 指出图中正确的断面图。

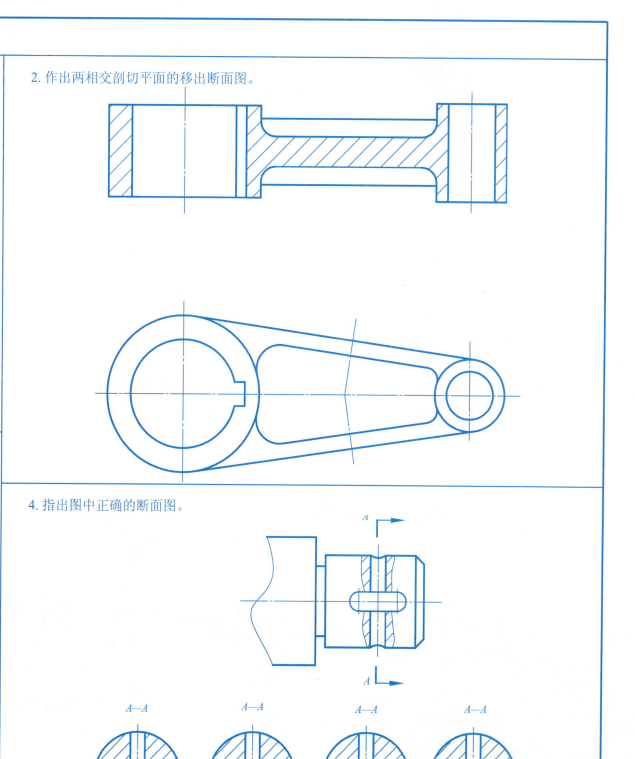

第7章 标准件及常用件的规定画法

7-1 螺纹及螺纹紧固件画法(一)

分析螺纹画法中的错误,在指定位置画出正确的视图。

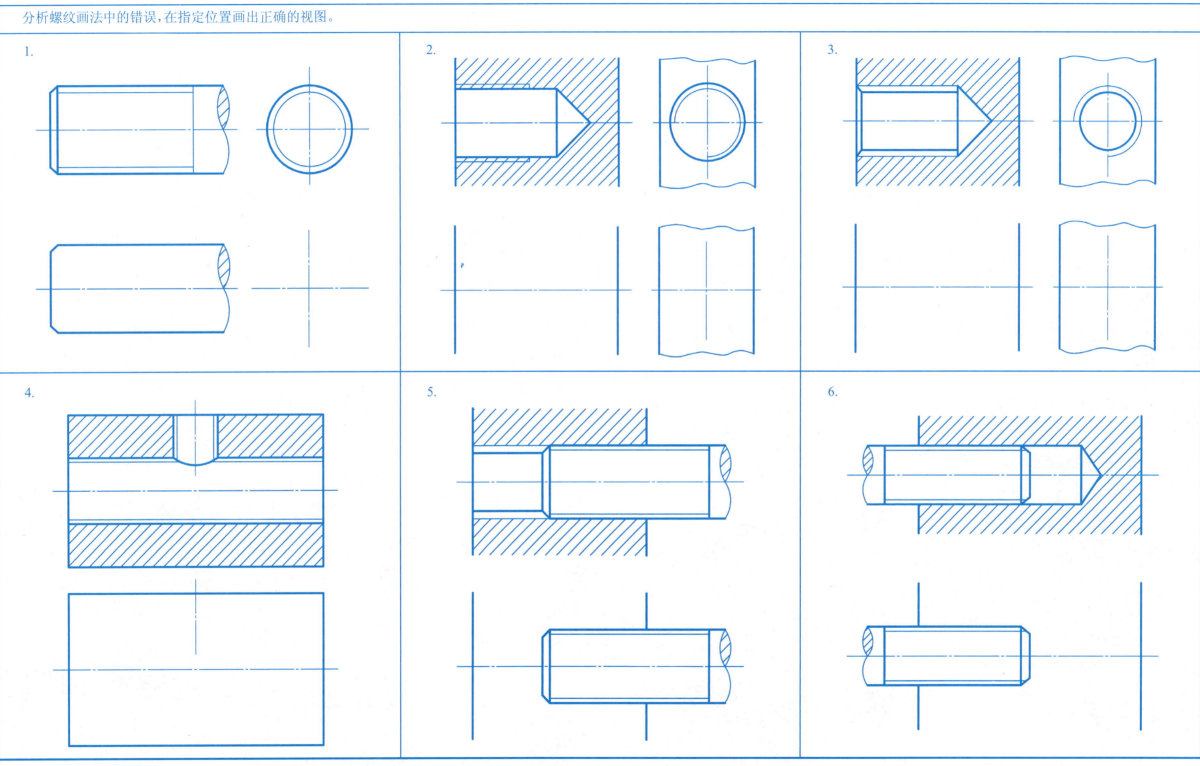

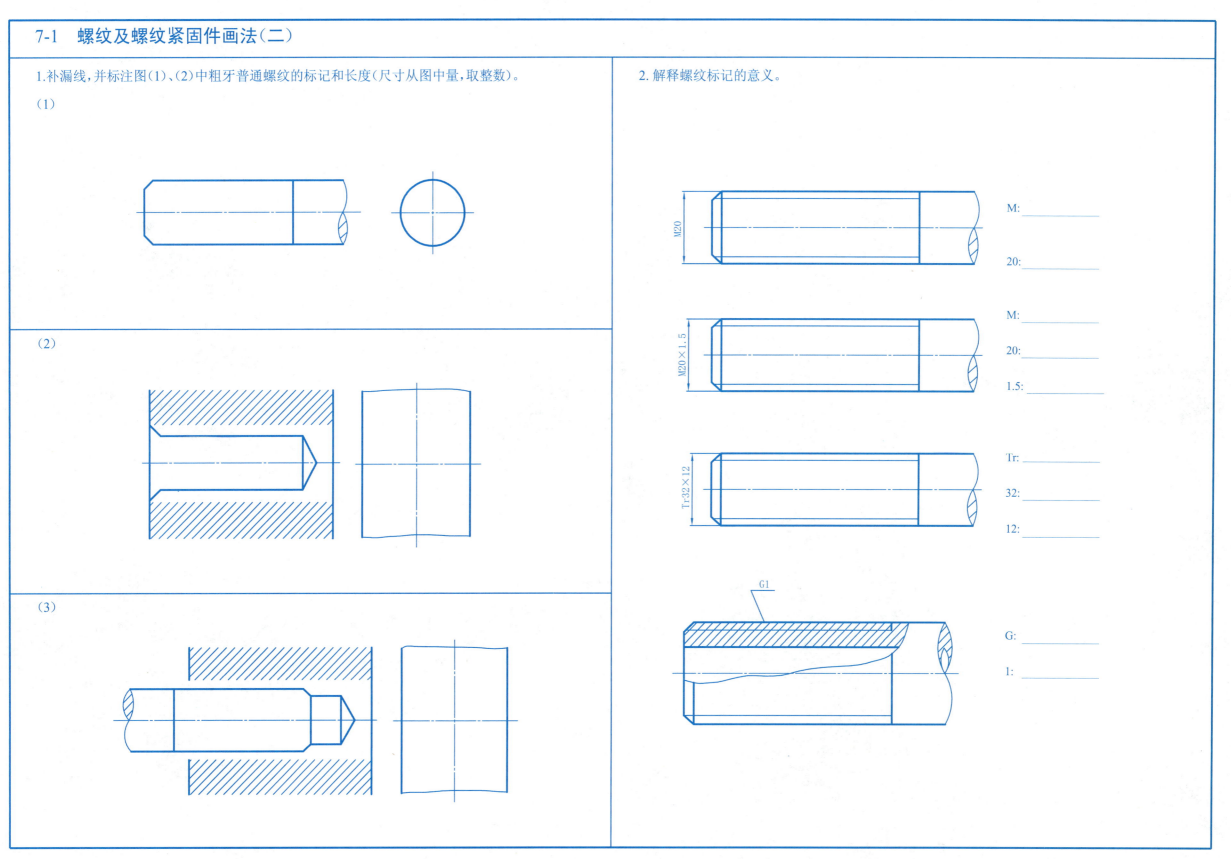

7-1 螺纹及螺纹紧固件画法（三）

紧固件连接。

1. 画出螺栓连接装配图。

   (1) 螺栓 GB/T 5782—2000 M20×L（L 计算后取标准值）。

   (2) 螺母 GB/T 6170—2000 M20。

   (3) 垫圈 GB/T 97.1—2002 20。

2. 完成螺栓连接的装配图（采用简化画法）。

7-1 螺纹及螺纹紧固件画法（四）

紧固件连接。

1. 画出螺柱连接装配图。

(1) 螺柱 GB/T 5782—2000 M20×L（L 计算后取标准值）。

(2) 螺母 GB/T 6170—2000 M20。

(3) 垫圈 GB/T 97.1—2002 20。

(4) 机座材料：铸铁。

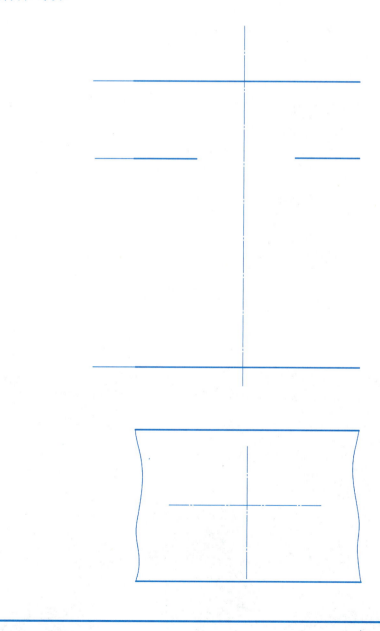

2. 完成螺钉连接的装配图。

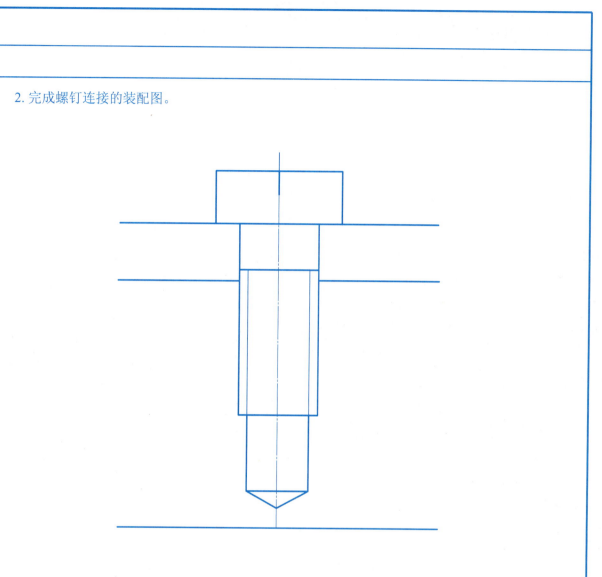

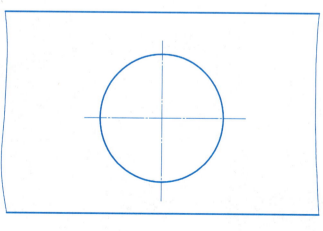

7-2 键及键连接画法

已知齿轮和轴用圆头普通平键连接,孔的直径从图中量取(量取后取整数)。

(1)写出键的规定标记(GB/T 1096—2003)。

(2)画全下列各视图和断面图,并查表标注键槽的尺寸。键的规定标记＿＿＿＿＿＿

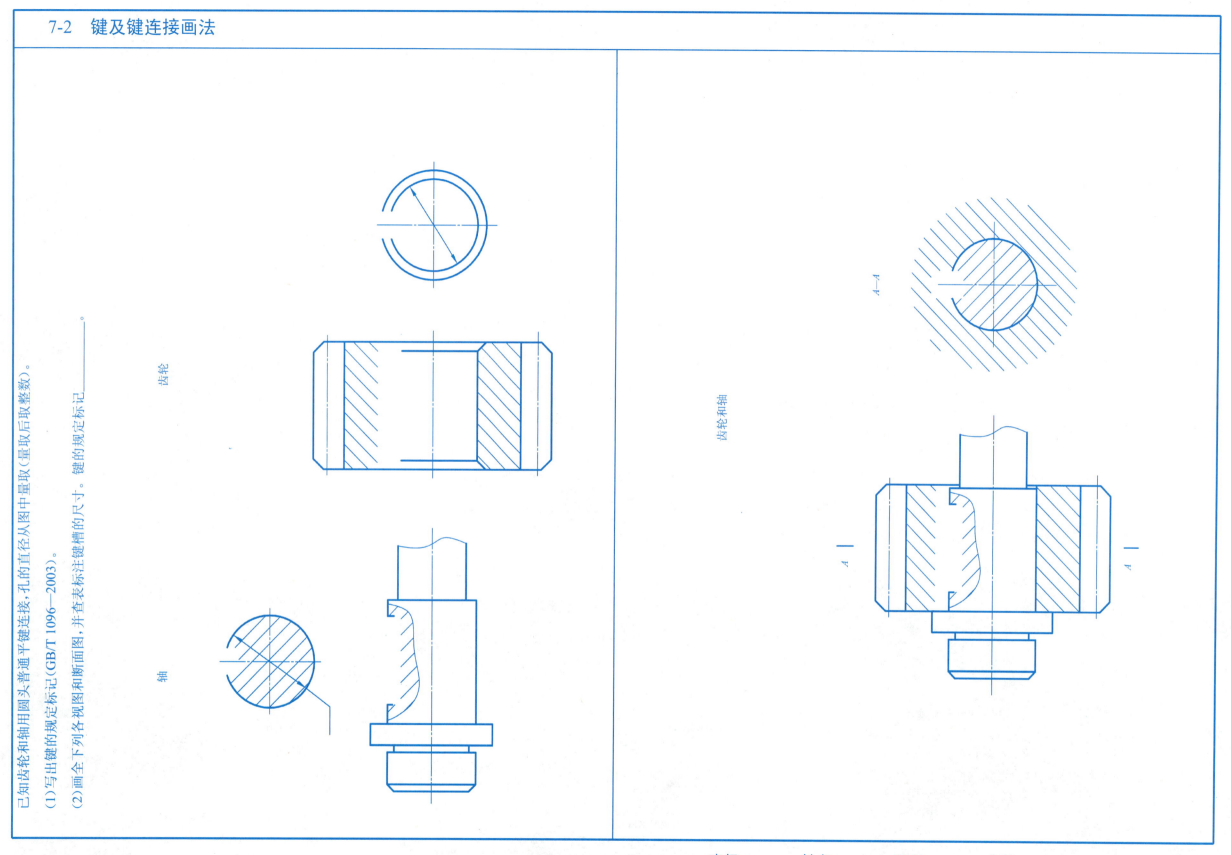

齿轮

轴

齿轮和轴

A—A

班级　　姓名　　学号　　审核　　·53·

7-3 齿轮画法

1. 已知直齿齿轮模数 $m=5$，$z=40$，计算该齿轮的分度圆，齿顶圆和齿根圆的直径。用 1:2 的比例完成下列两视图，并标注尺寸（倒角 C2）。

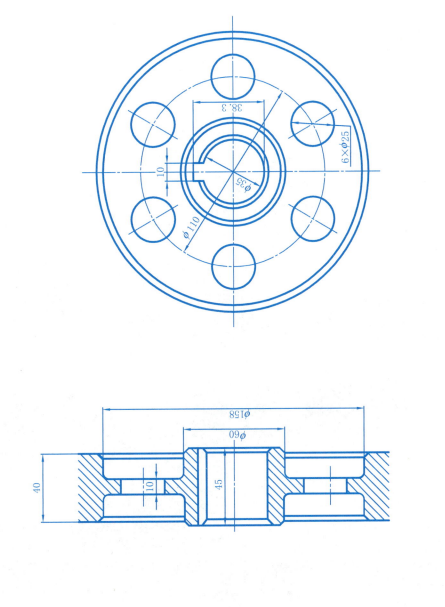

2. 已知两啮合齿轮模数 $m=4$，大齿轮齿数 $z_2=37$，两齿轮的中心距 $a=114$ mm，试计算大小两齿轮分度圆，齿顶圆及齿根圆的直径，用 1:2 比例完成直齿圆柱齿轮的啮合图。

小齿轮：分度圆 $d_1=$ _____，齿顶圆 $d_{a1}=$ _____，齿根圆 $d_{f1}=$ _____，传动比 $i=$ _____。

大齿轮：分度圆 $d_2=$ _____，齿顶圆 $d_{a2}=$ _____，齿根圆 $d_{f2}=$ _____。

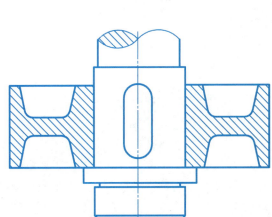 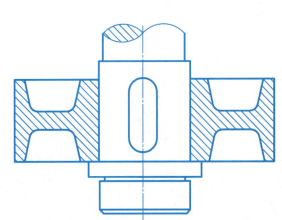

第 8 章 零件图

8-1 公差与配合

1. 解释配合代号的含义,查表得上下偏差值后标注在零件图上,然后填空。

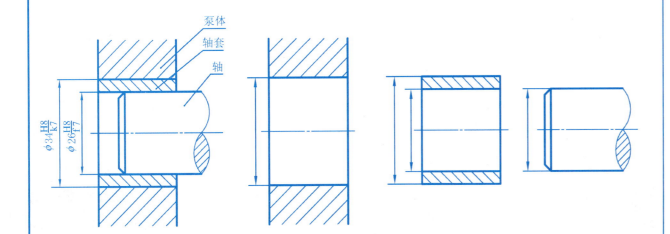

(1) 轴套与泵体孔配合

公称尺寸_____,基_____制。

公差等级:轴 IT_____级,孔 IT_____级,属于_____配合。

轴套:上偏差_____,下偏差_____。

孔:上偏差_____,下偏差_____。

(2) 轴套与轴的配合

公称尺寸_____,基_____制。

公差等级:轴 IT_____级,孔 IT_____级,_____配合。

轴套孔:上偏差_____,下偏差_____。

轴:上偏差_____,下偏差_____。

2. 根据配合代号在零件图上分别标出轴和孔的偏差值,并指出是何种配合。

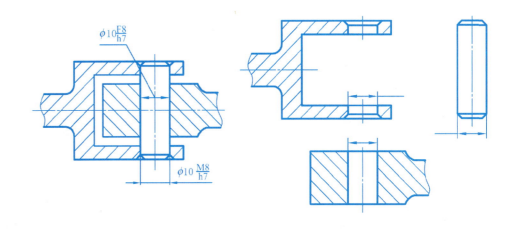

3. 标注轴和孔公称尺寸及上下偏差值,并填空。

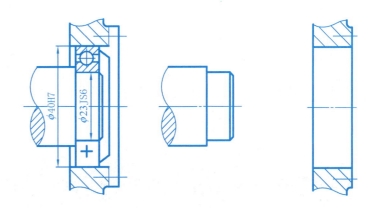

(1) 滚动轴承与座孔的配合为_____制,座孔的基本偏差代号为_____,公差等级为_____级。

(2) 滚动轴承与轴的配合为_____制,轴的基本偏差代号为_____,公差等级为_____级。

8-2 粗糙度

按给定要求在图形上标注表面粗糙度。

1. 分析上图表面粗糙度标注的错误，在下图正确标注。

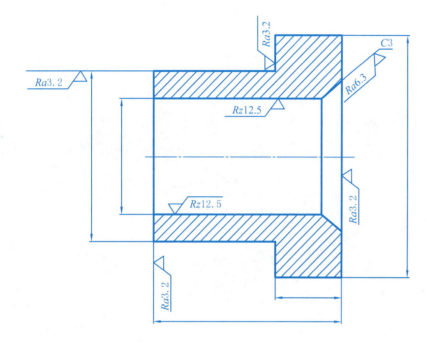

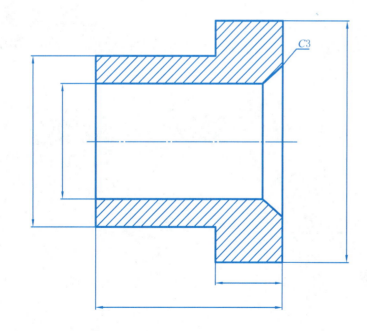

2. 按要求标注零件表面粗糙度的代号。

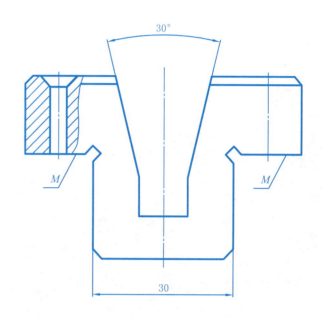

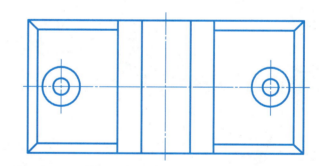

① 倾角成 30° 的两斜面，Ra 为 6.3。

② 顶面、长度为 30 的左、右两侧面，Ra 为 1.6。

③ 两个 M 面 Ra 为 3.2。

④ 其余表面 Ra 为 25。

上述表面粗糙度要求均为去除材料的工艺方法，单向上限值，默认传输带，R 轮廓，评定长度为 5 个取样长度（默认），按 16% 规则评定。

8-3 零件视图表达

参照轴测图,选择合适的表达方案,将零件的结构形状表达清楚。

1. 参照轴测图和主视图,选择合适的视图和表达方法,将零件的内外结构形状表达清楚。

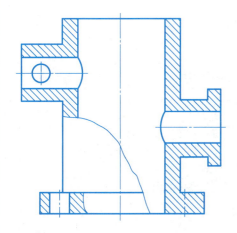

2. 根据泵盖轴测图确定主视图的投射方向,采用一组较好的表达方案(视图、剖视、断面等)表达零件。

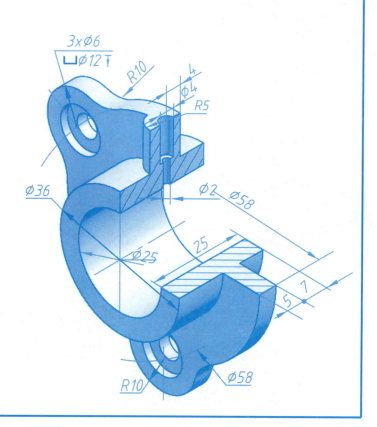

8-4 零件图(一)

读零件图回答问题。

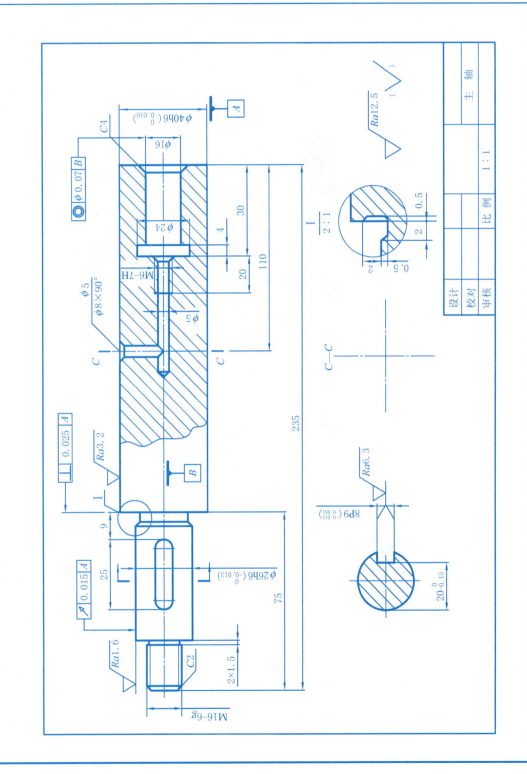

读主轴零件图,回答下列问题。

(1) 零件共用_____个图形表达,它们分别是_____、_____和_____。

(2) 零件中φ40轴的长度为_____mm,表面粗糙度为_____。

(3) 轴上键槽的长度为_____mm,槽宽为_____mm;槽深为_____mm;定位尺寸为_____mm。

(4) 在图中指出轴向尺寸基准,径向尺寸基准。

(5) φ40h6($_{-0.016}^{0}$)的最大极限尺寸为_____mm,最小极限尺寸为_____mm;公差为_____mm。

(6) φ26h6圆柱面的位置公差要求为_____,被测要素是_____,它的基准要素是_____,公差项目为_____。

(7) ⌖|φ0.07|B 的被测要素是_____,其基准要素是_____,公差项目是_____,公差值为_____。

(8) φ26h6圆柱面表面粗糙度代号是_____;键槽工作面表面粗糙度代号为_____。

(9) 主视图采用局部剖的目的是_____。

(10) 在指定位置画出C—C断面图。

8-4 零件图(二)

读零件图回答问题。

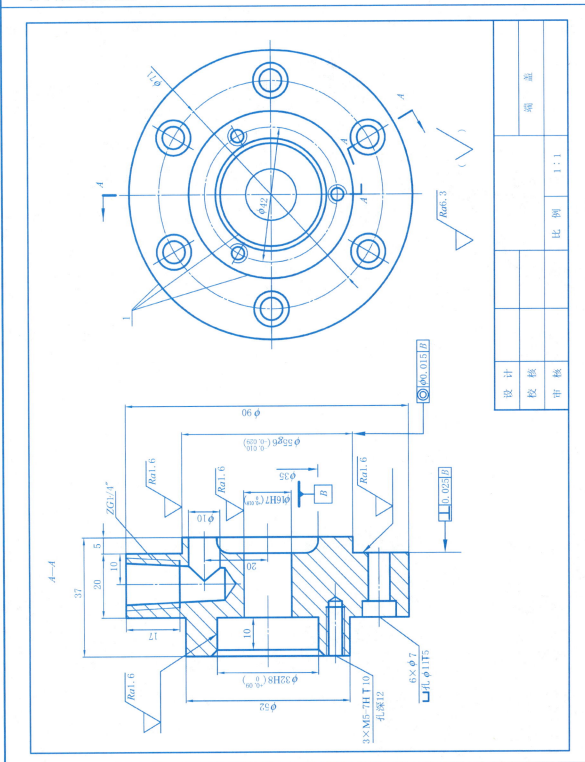

读端盖零件图,回答下列问题。

(1) A—A 图采用的_____剖视图。

(2) 写出 3×M5-7H 深 10 孔深 12 孔的定位尺寸是_____。

(3) 写出 6×φ7 沉孔 φ11 深 5 的定位尺寸是_____。

(4) 用指引线在图中指出轴向、径向主要尺寸基准。

(5) 端盖上有_____个沉孔,_____个螺孔。沉孔的直径是_____,深_____。

(6) 主视图中的尺寸 10、20 是_____尺寸。

(7) 左视图中标有 1 所指的三个圆,它们的直径分别是_____、_____、_____。

(8) 主视图中 ⌖ φ0.015 B 的含义是:基准要素是_____,被测要素是_____,公差项目是_____,公差值为_____。

(9) 该零件最光滑表面的表面粗糙度 Ra 值是_____。

8-4 零件图（三）

读零件图回答问题。

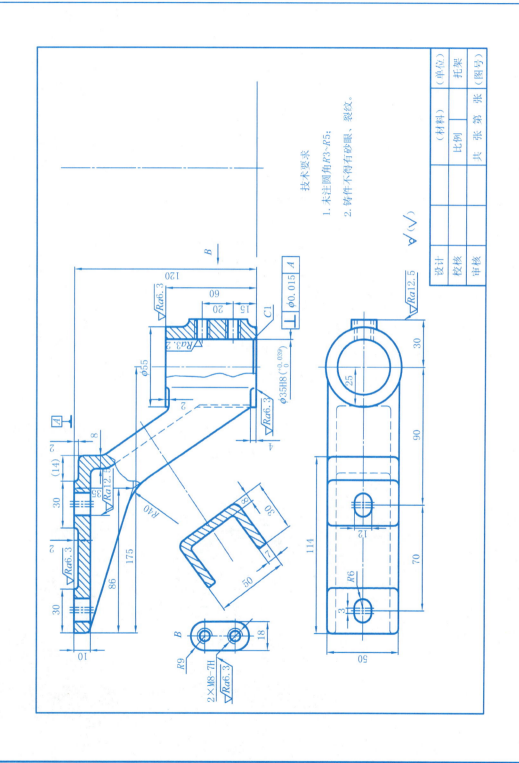

读托架零件图，回答下列问题。

(1) 托架零件图用了_____个视图，它们是：两处采用_____剖视的_____图和_____图，B向_____图和_____图。

(2) 在图中用指引线指出长、宽、高方向的主要尺寸基准。

(3) 尺寸φ35H8 中的φ35 是_____尺寸，H8 是_____代号，H 是_____代号，8 是_____代号。

(4) 托架安装顶面有两个安装孔，主要尺寸有_____，顶面的表面粗糙度为_____。

(5) 形位公差框格 ⊥ | φ0.015 | A | 表示_____的轴线对顶面 A 的公差为_____。

(6) 补画左视图（图中虚线可省略）。

(7) 图中标记的代号 ∇(√)表示该表面用_____的工艺方法获得。代号中的 Ra 是评定表面结构的轮廓参数中的_____度参数之一，称为_____偏差，属单向_____值，传输带为_____，评定长度为_____个_____长度。该表面应按规则判定其合格性。

(8) 移出断面图是为表达_____的断面形状，其断面形状为_____。

(9) B 向_____图是为表达右端凸台的形状，凸台上 2×M8-7H 螺孔的定位尺寸是_____和_____。

8-4 零件图(四)

读底座零件图,回答问题。

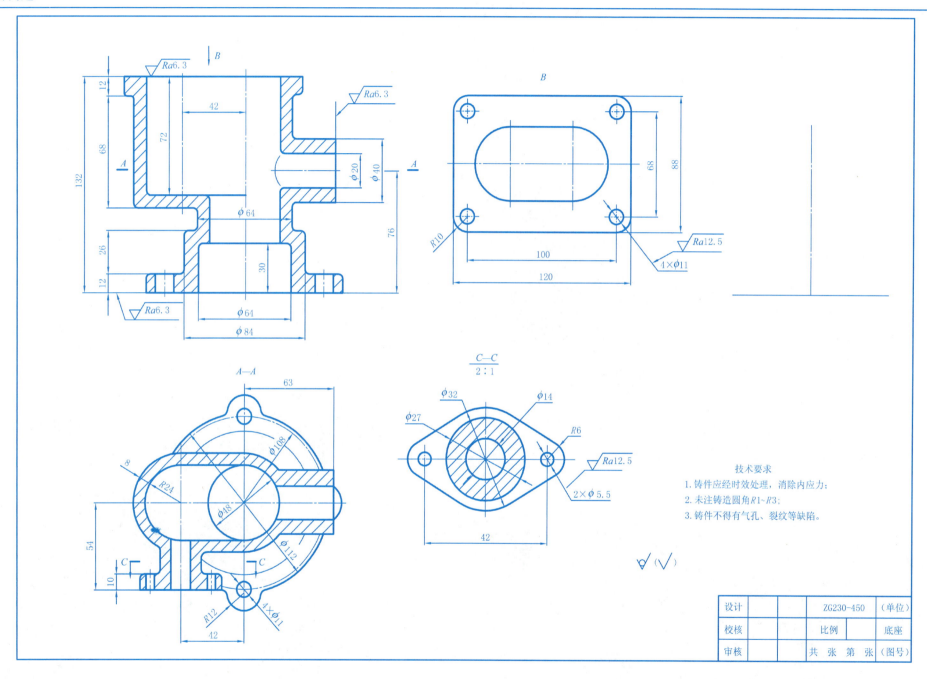

(1) 在指定位置画出左视的外形图。

(2) 在图中用指引线标出长、宽、高三个方向的主要尺寸基准。

(3) 该零件表面粗糙度有_____种要求,它们分别是_____、_____、_____。

第9章 装配图

9-1 读装配图（一）

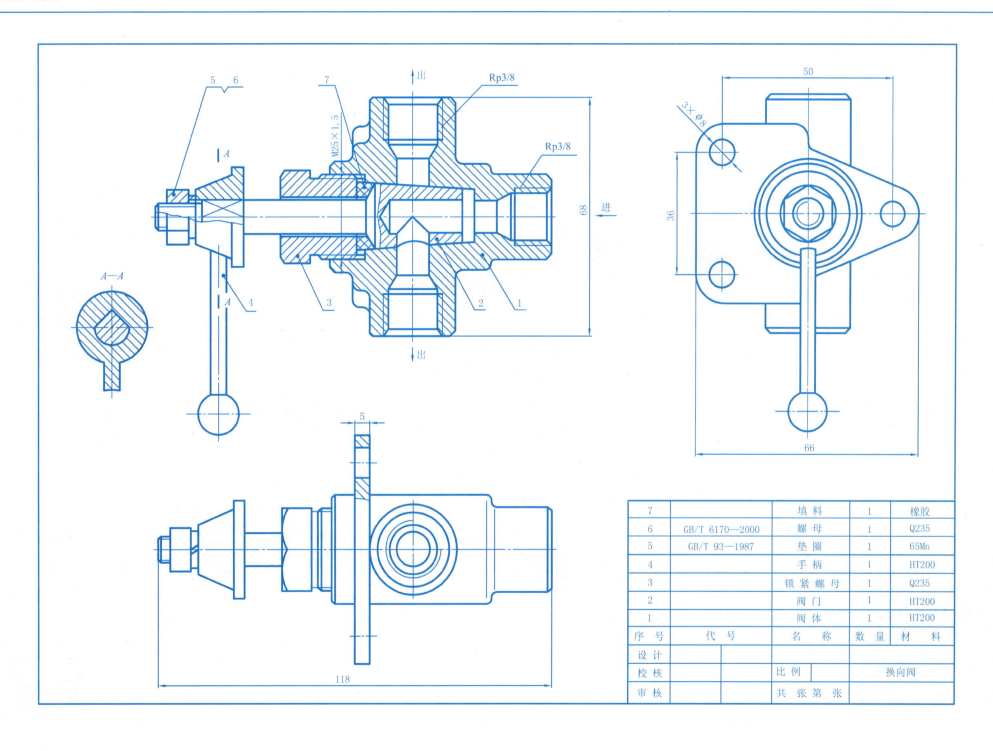

9-1 读装配图(二)

换向阀工作原理:

换向阀用于流体管路中控制流体的输出方向。在图示情况下,流体从右边进入,从下口流出。当转动手柄 4,使阀门 2 旋转 180°时,下出口不通,流体从上出口流出。根据手柄转动角度大小,还可以调节流量的大小。

回答下列问题。

(1) 本装配图共用_____个图形表达,$A—A$ 断面表示_____和_____之间的装配关系。

(2) 换向阀由_____种零件组成,其中标准件有_____种。

(3) 换向阀的规格尺寸为_____。图中标记 Rp3/8 的含义是:Rp 是_____代号,它表示_____螺纹,3/8 是_____代号。

(4) 左视图上 3×φ8 孔的作用是_____,其中定位尺寸称为_____。

(5) 锁紧螺母的作用是_____。

由教师指定拆画零件图。

9-1 读装配图（三）

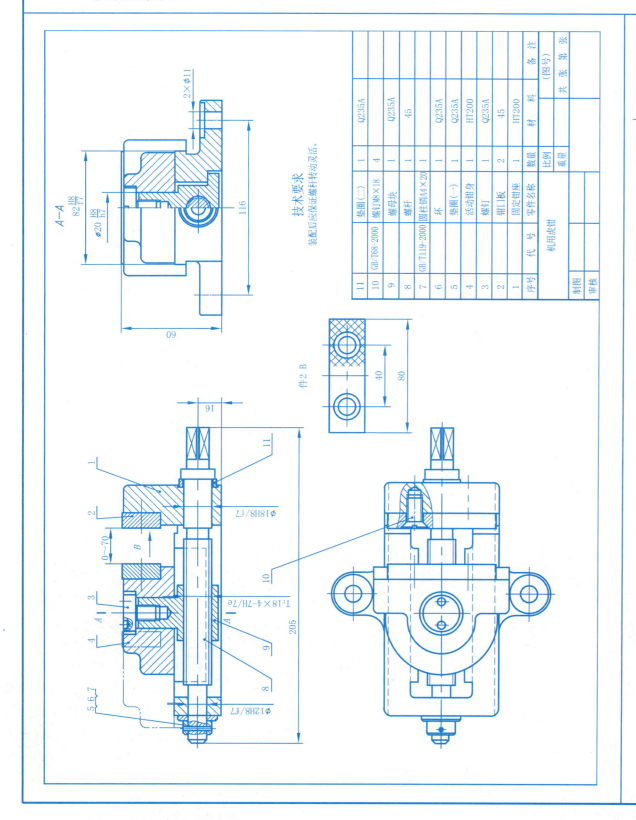

读机用虎钳装配图，回答下列问题(机用虎钳工作原理参考教课书)。

(1) 本装配图采用_____个图形表达，主视图采用_____视图和_____视图，主要表示_____、_____关系和工作原理等。主视图采用了装配图的_____画法。

(2) 机用虎钳由_____种零件组成，其中标准件有_____种。

(3) 件2钳口板与件1固定钳座通过_____连接。

(4) $\phi 12H8/f7$ 表示件_____与件_____之间是基_____制的_____配合。

(5) 件9的作用是_____。

(6) 装配图的规格尺寸是_____，安装尺寸是_____，外形尺寸是_____。

(7) 件9与件8是通过_____连接。

(8) 件3的作用是连接件_____与件_____。

(9) 件3上两个小孔的作用是_____。

(10) 拆画件4活动钳身零件图。

9-1 读装配图(四)

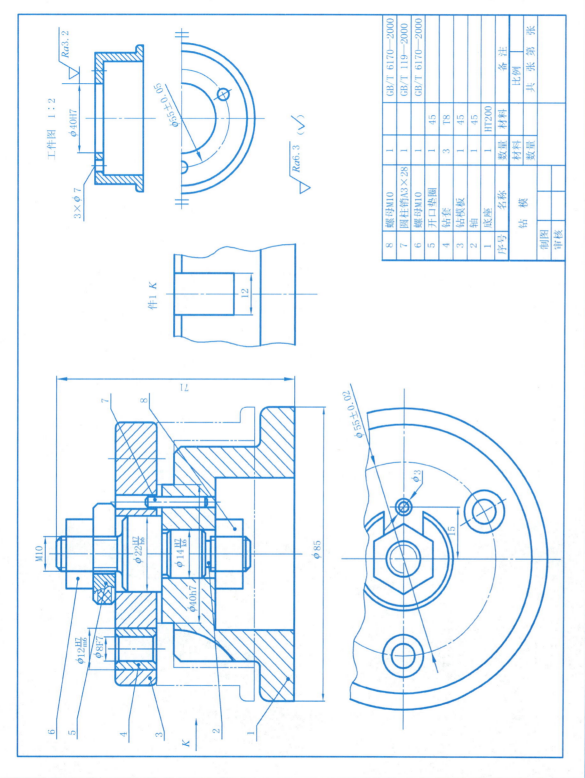

1. 钻模工作原理。

批量生产中在钻床上钻孔的夹具称钻模。图示钻模用于对铝制工件图3×φ7孔的加工。工件以φ40H7孔和内侧端面在钻模底上定位,装上件3钻模板后用件6螺母和件5开口垫圈夹紧。钻头通过钻套钻孔。

2. 读钻模装配图,回答下列问题。

(1) 这张装配图用_____个图形组成。主视图采用了_____剖,俯视图采用了_____视图,件1的K向视图是为了表达_____。

(2) 件1与件2是_____配合,件3与件4是_____配合。工件的定位孔φ40与件1是_____配合。思考一下为什么选用这些配合。

(3) 钻完孔后,应先旋松件_____再取下件_____,然后拿出件_____以取卸工件。继续钻孔时再装入新工件。

(4) 工件在钻模中是如何定位夹紧的?

(5) 底座上三个圆弧槽的作用是_____,件7销钉的作用是_____。

(6) 拆画件1底座、件3钻模板的零件图。

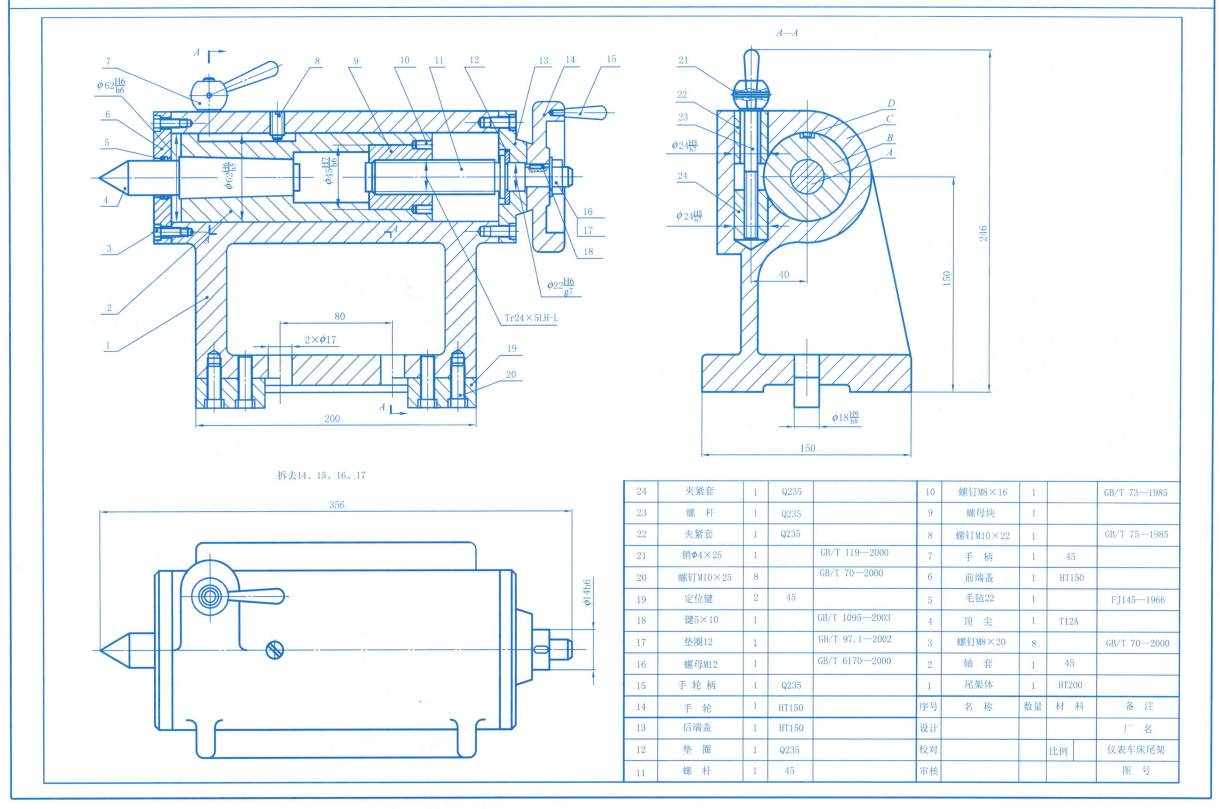

9-1 读装配图(六)

读车床尾架装配图,回答下列问题。

(1) 本部件共由_____种零件及_____种标准件组成。

(2) 尾架的安装尺寸为_____。

(3) 左视图上标有四个零件,分别写出它们的序号_____。

(4) 主视图中 $\phi 45\dfrac{H7}{h6}$ 表示件_____与件_____之间是_____制_____配合。

(5) 件 8 螺钉 M10×22 的作用是_____。

(6) 轴套 2 与件 9 螺母块用_____固定。

(7) 从主视图读懂尾架工作原理,欲使顶尖 4 作左右轴向移动,请按传动顺序写出零件序号_____。

(8) 顶尖 4 到位后,为防止其轴向移动,要旋转(读左视图)件_____,通过销及件_____转动,使件_____与_____夹紧。

拆画轴套件 2 零件图。

9-2 画装配图（一）

画轴系装配图。

作业提示

根据轴测图（左图）和所示轴（右图），按 1∶1 比例将轴系装配图画在 A3 图纸上。绘图尺寸除已给出外，可从有关标准中查得，装配图上不注尺寸。

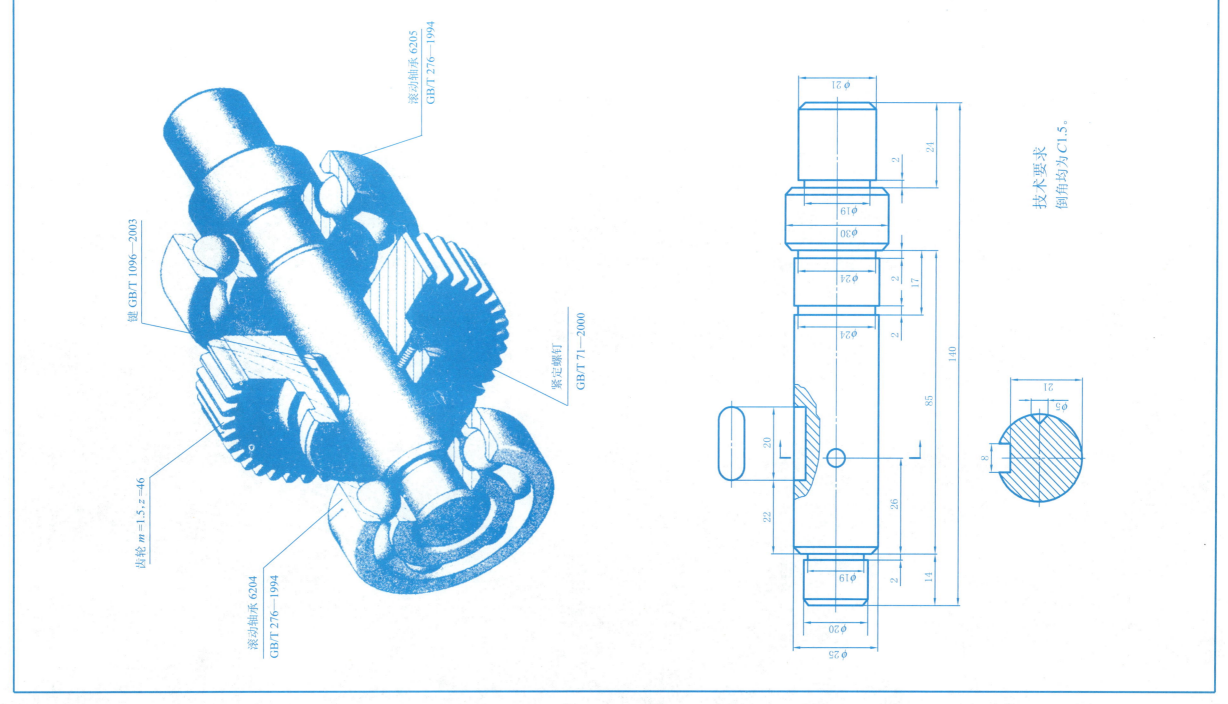

9-2 画装配图（二）

由零件图画装配图。

作业指导

1. 作业名称及内容

(1) 图名：螺旋千斤顶

(2) 内容：根据所给装配体的结构特点画出装配图。

2. 作业目的及要求

(1) 目的：掌握绘制装配图的方法与步骤，为识读机械图样及零件测绘打下基础。

(2) 要求：恰当选择视图表达方案，标注必要的尺寸，编写零件序号，填写标题栏、明细表。

3. 作业提示

(1) 用 A3 图幅绘制，比例 1∶1。

(2) 参阅千斤顶装配示意图，读懂全部零件图，了解工作原理以及各零件之间的连接关系和装配关系。

(3) 注意装配图上的规定画法，如剖面线的画法。剖视图中某些零件按不剖画法，允许简化或省略的各种画法等。

4. 螺旋千斤顶的工作原理

螺旋千斤顶利用螺旋传动来顶重物，是机械安装或汽车修理常用的一种起重或顶压工具，工作时，旋转杆穿在螺杆4上部的圆孔中，转动旋转杆，螺杆通过螺母3中的螺纹上升而顶起重物。螺母镶嵌在底座里，用螺钉2固定。在螺杆的球面形顶部套一个顶垫5，为防止顶垫随螺杆一起转动时不脱落，在螺杆顶部加工一个环形槽，将一紧定螺钉的端部伸进环形槽锁定。

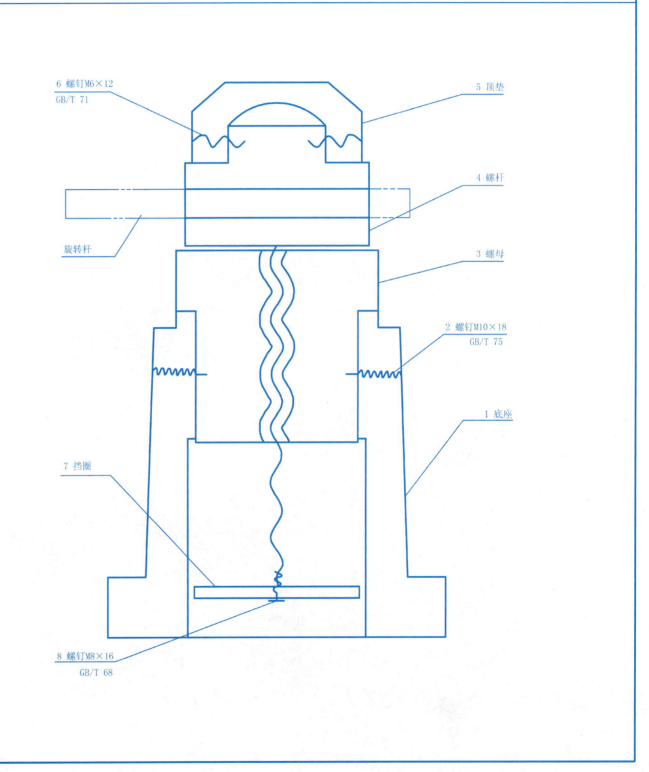

9-2 画装配图(三)

由零件图画装配图。

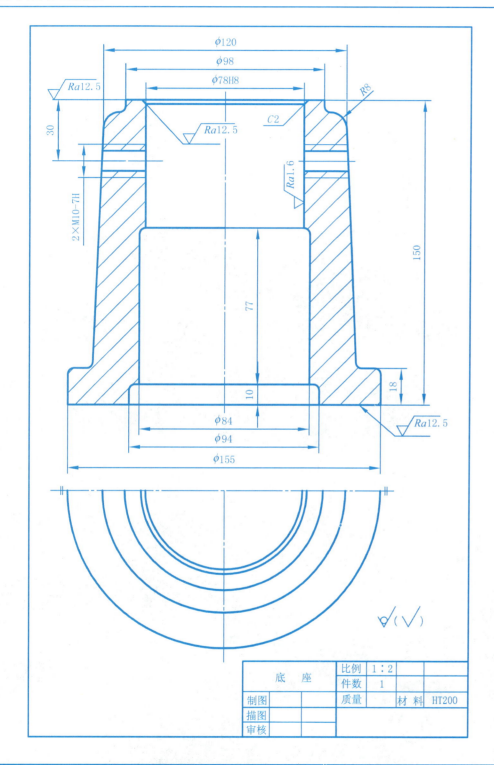
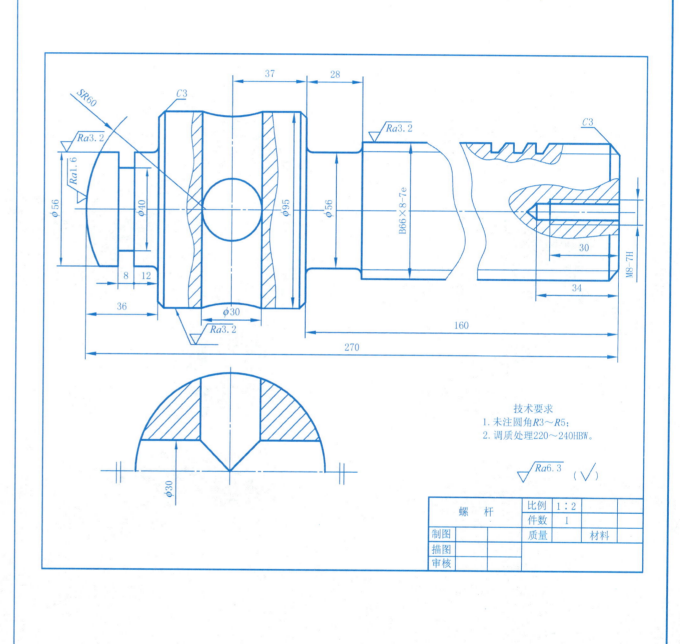

技术要求
1. 未注圆角R3～R5；
2. 调质处理220～240HBW。

9-2 画装配图(四)

由零件图画装配图。

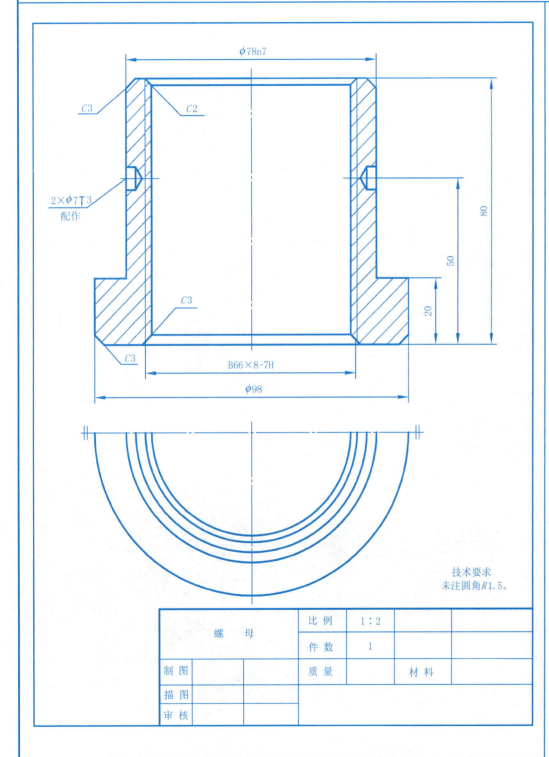

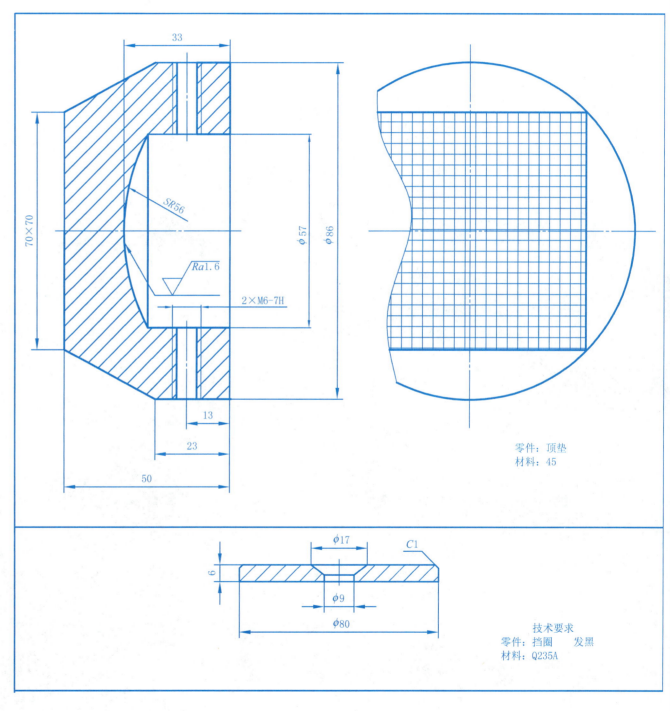